"十三五"国家重点出版物出版规划项目
面向可持续发展的土建类工程教育丛书

潮流能发电及发电场设计

李　晔　杨文献　冯延晖　汪小勇
邱颖宁　夏英凯　武　贺　毋晓妮　编著

机械工业出版社

本书以海洋可再生能源中的潮流能为背景，全面介绍了潮流能发电及发电场设计方法，是一部系统和全面介绍潮流能发电的著作。本书共9章，主要内容包括潮流能发电概述、资源评估、叶轮设计、发电装置基础形式、发电机设计、发电机控制技术、发电场设计布局、可靠性与经济性分析、环境影响等主要内容。

本书既介绍了潮流能发电过程中涉及的数学、流体力学、控制、电气等基础理论，又以实际潮流能项目为例，介绍了潮流能发电的设计方法与关键技术，兼具理论性与工程实践性。因此，本书特别适合作为可再生能源、机械工程、动力工程、船舶与海洋工程等相关专业高年级本科生和研究生的教材，也适合从事潮流能研究、开发和应用的科技人员学习参考。

图书在版编目（CIP）数据

潮流能发电及发电场设计/李晔等编著. —北京：机械工业出版社，2021.6

（面向可持续发展的土建类工程教育丛书）

“十三五”国家重点出版物出版规划项目

ISBN 978-7-111-68232-5

Ⅰ.①潮…　Ⅱ.①李…　Ⅲ.①潮汐发电-高等学校-教材②潮汐水电站-高等学校-教材　Ⅳ.①TM612②TV744

中国版本图书馆CIP数据核字（2021）第091337号

机械工业出版社（北京市百万庄大街22号　邮政编码100037）
策划编辑：李　帅　责任编辑：李　帅
责任校对：李　杉　封面设计：张　静
责任印制：单爱军
北京虎彩文化传播有限公司印刷
2021年9月第1版第1次印刷
184mm×260mm · 7印张 · 142千字
标准书号：ISBN 978-7-111-68232-5
定价：34.90元

电话服务	网络服务
客服电话：010-88361066	机　工　官　网：www.cmpbook.com
010-88379833	机　工　官　博：weibo.com/cmp1952
010-68326294	金　　书　　网：www.golden-book.com
封底无防伪标均为盗版	机工教育服务网：www.cmpedu.com

前　言

潮流能是一种重要的海洋可再生能源，与其他形式的海洋可再生能源相比，潮流能具有较强的规律性和可预测性，而且功率密度大，发电稳定，易于并网且不会对海洋环境造成很大的影响。潮流能的全球储量非常丰富，具有广阔的发展和应用空间，因此引起了世界各国的高度重视。欧美诸国在潮流能研究领域小有成就，一些全尺度样机已经成功并网，半商业化运作。我国起步较晚，虽然近年来在政府的大力支持下有所发展，但与国外相比仍存在一定的差距，尤其在原创性技术及装备方面差距明显。本书的各位作者在海洋可再生能源及海洋工程领域已经有多年的研究经验，拥有一定的知识储备。为了便于广大在校学生及在潮流能领域的科研工作者学习与参考，在同行专家的鼓励下，我们编著了本书，尝试性地对潮流能发电及发电场设计进行了归纳。

本书在学生培养中起到承上启下的作用。在学习本书的过程中既需要回顾已经学过的一些数学、流体力学、控制、电气等基础知识，又需要将基础理论知识有针对性地应用于实际潮流能研究及设计中。因此，本书适合有一定相关基础理论知识储备的高年级本科生、研究生及科研工作者阅读。在作为研究生教材时，教师可补充一些最新研究进展的学术论文和专题研究材料。

为了给读者提供较完整的系统性介绍，本书涵盖了潮流能发电装置设计过程中的一系列关键问题，包括资源评估、叶轮设计、发电装置基础设计、发电机设计、发电机控制技术、发电场设计布局、可靠性与经济性分析、环境影响等。本书分为9章：第1章概述了潮流能发展现状；第2章介绍了潮流能资源评估方法及我国近海潮流能普查情况；第3章回顾了潮流能叶片力学基础，介绍了叶轮的设计原理与方法；第4章介绍了潮流能发电装置基础设计的原理及现有应用情况；第5章介绍了潮流能发电机的设计原理；第6章介绍了潮流能发电机控制技术；第7章分析了潮流能发电场的布局方案，并介绍了海底电缆、电网连接设备等配套设施的特点；第8章分析了潮流能发电的可靠性与经济性；第9章介绍了潮流能开发的环境影响。

本书的编著分工如下：第1章和第9章由李晔、夏英凯编著；第2章由汪小勇、武贺编著；第3章由杨文献、李晔编著；第4章由毋晓妮编著；第5章和第7章由冯延晖编著；第6章由杨文献编著；第8章由邱颖宁编著；全书由李晔统稿。

在本书的撰写和出版过程中，得到众多领导、专家、朋友和学生的热情鼓励和帮助。在此对在本书编写、校核、修改过程中给予帮助的博士后及研究生表示感谢，感谢廖倩、任桐鑫、范淮、邓贵中等研究生的帮助。同时感谢自然基金委项目11872248、51479114等对作者相关研究的支持。

由于知识有限，书中难免有遗漏之处，诚请读者批评指正！

编著者

目　录

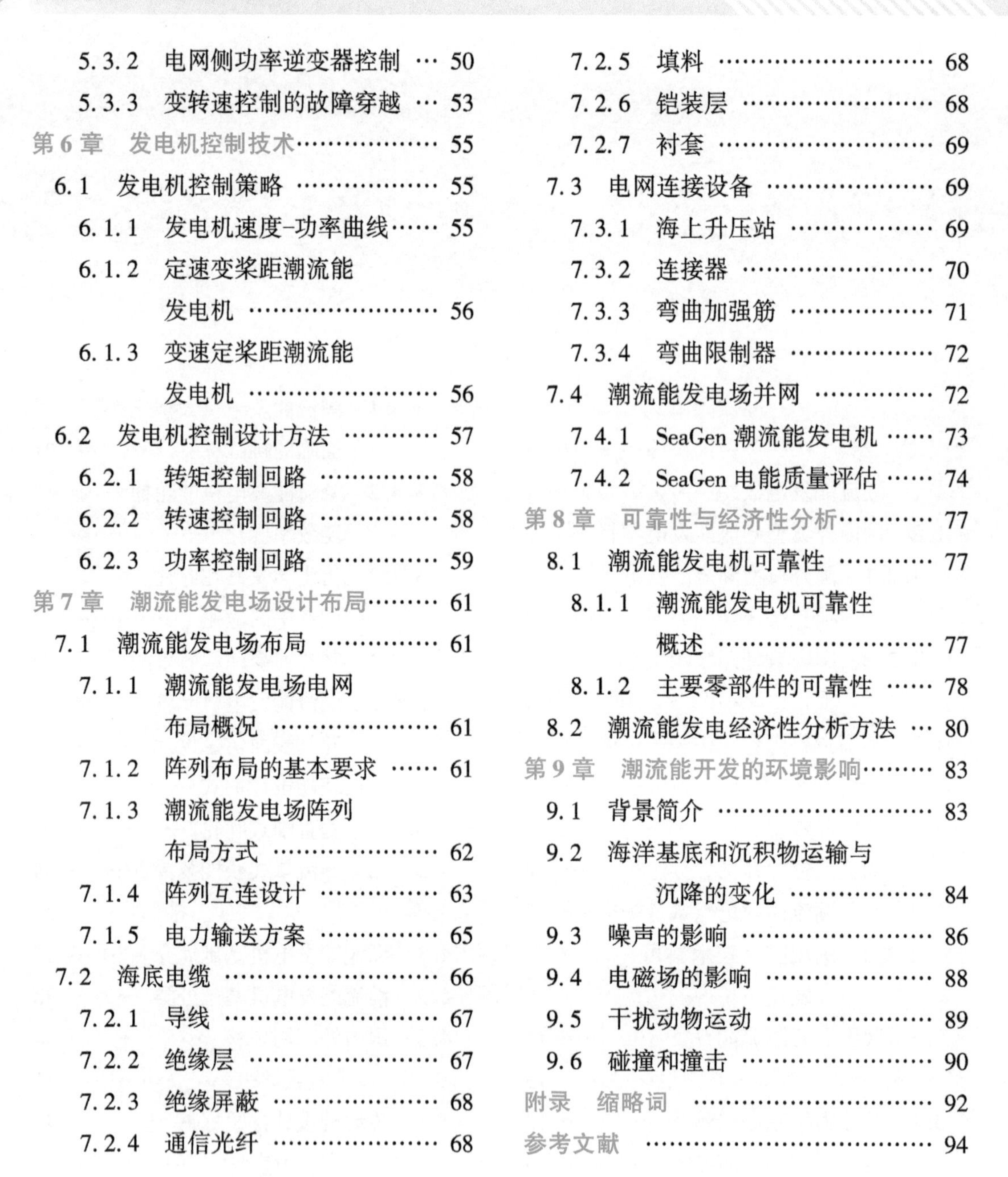

第1章 绪　论

1.1 潮流能发电概述

海洋占地球总面积的71%，其蕴含能量众多，，主要包括波浪能、潮流能、潮汐能、温差能和盐差能等。海洋能是清洁的能源，开发和利用海洋能对许多国家特别是海洋资源丰富的国家具有重大的意义。在这些海洋能中，潮流能由于其发电的工作形式和原理与风力发电较为相似，其发展速度比其他海洋能更先进一步。

如上所述，潮流能即潮汐中水平流动部分的动能，其资源主要集中在群岛地区的海峡、水道及海湾的狭窄入口处等流速较大的地方。一般说来，最大流速在2m/s以上的水道，其潮流能均有实际开发的价值。全球的潮流能资源非常丰富，据国际能源署海洋能源系统技术合作组织（IEA－OES）2012年的年度报告，其可开采储量预计可达到1200万亿W·h/年（1.2×10^{15}W·h/年）。许多国家已发现自己有不少站点具有丰富的潮流能资源，包括美国、加拿大、中国、法国、挪威、韩国、印度尼西亚、西班牙等。例如，英国理论潮流能储量预计超过95万亿W·h/年（9.5×10^{13}W·h/年），相当于英国每年5%的电力消耗，其中彭特兰湾是全球最有前途的潮流能源开发区之一，该地区的潮流能储量大约在（1～18）百万kW；据美国研究机构估计，美国可开采的潮流能资源大约为250万亿W·h/年（2.5×10^{14}W·h/年）；同样在我国广阔的海域中也蕴藏着大量的潮流能，理论总储量预计超过1.395×10^{4}MW，大部分集中于浙江省舟山群岛。这些因素与条件在很大程度上刺激了潮流能的发展，同时也推动了潮流能技术的进步。

近年来，潮流能开发在世界范围内取得了长足的进步，国际潮流能技术基本成熟，已进入全比例样机实海况测试阶段，部分产品已经逐渐商业化。尤其在近两年中，在政府和商业公司的推动下，潮流能大型示范项目蓬勃发展。例如，由可持续海洋能源公司（Sustainable Marine Energy，SME）和米纳斯潮流能有限合伙人公司（Minas Tidal LP）开发的彭帕奇（Pempa'q）潮流能项目，预计向加拿大新斯科舍电网输送高达9MW的潮流能。2019年，该项目在格兰德水道已经完成了280kW漂浮式潮流能平台的第一阶段测试，同时数个装机容量超过1MW的潮流能水轮机已经安装在英国的欧洲海洋能中心。此外，印度尼西亚政府也展示出了极强的潮流能发展的雄心，在鹦鹉螺项目的第一阶段，他们计划在龙目岛部署8台1.5MW的潮流能发电机。相对而言，我国潮流能开发的进程较为缓慢，潮流能水轮机开发主要以百千瓦级的小型水轮机为主。而到2020年底为止全球规划的大型潮流能示范项目总容量已超过62.9MW。

需要注意，某些学者将潮汐能与潮流能统称为潮能，而更多则习惯将两者区别论述，后者无须建坝，可节省大量水工建设投资。对于前者潮汐能而言，其开发利用技术已十分成熟，主要包括法国朗斯、加拿大安娜波利斯、中国江厦等电站，它们已运行了数十年之久。本书主要介绍潮流能方面的内容。

1.2 国内外典型潮流能发电项目

1.2.1 国外典型潮流能发电项目

进入21世纪以来，随着陆地能源的紧缺程度进一步加深，潮流能的研究呈现快速发展态势，多个临海的国家都发展了各种新型的潮流能装备。其中英国和美国拥有比其他国家更多的潮流能研究机构和装备，尤其是英国始终处于世界领先地位。国外典型的潮流能发电项目包括但不限于以下案例：

1. 英国海洋流涡轮机公司（Marine Current Turbine，MCT）项目

英国MCT公司是最早从事潮流能开发的机构之一，已研发出一系列知名的潮流能装备，其研究能力一直处于世界前列，可以实现潮流能装备量产。该公司2003年在英国的布里斯托（Bristol）海峡成功完成了一款装机容量300kW的SeaFlow设备。此后，又成功开发了1.2MW的双转子潮流能发电机SeaGen，该发电机具有两副转子，分别悬挂在27m长的横梁两端，每副转子直径为16m，每副转子包含两个叶片，叶片桨距角可在270°的范围内任意调节。SeaGen部署在北爱尔兰24m水深的斯特兰福特湾（Strangford Lough）水域，并于2009年5月开始投入运行，可产生足够的电力为1140户家庭供电，是世界上首台兆瓦级潮流能发电装置。目前，MCT公司正在积极研发下一步的大型潮流能发电场。

2. 亚特兰蒂斯公司（Atlantis）的梅根（MeyGen）项目

亚特兰蒂斯公司是知名潮流能研究机构之一，2012年该公司获准在英国彭特兰湾建设总装机容量398MW的潮流能发电场，这是截至2020年底世界最大的潮流能开发利用计划。梅根项目计划分为三期工程，第一期工程A阶段于2015年在彭特兰湾的奎斯尼斯（Ness of Quoys）工地动工，装机6MW，由一台亚特兰蒂斯公司的AR1500机组和三台挪威安德里茨（Andritz）公司的 HS1500 机组所组成。梅根项目一期工程 A 阶段于 2016 年 11 月正式并网发电，于 2018 年 4 月正式进入长达 25 年的运营阶段，截至 2019 年 6 月已向电网输送电量 1.7×10^{7}kW·h。梅根项目后续阶段（包括一期 B 阶段和 C 阶段，以及二期、三期）旨在改善电力传输并增加发电装备、扩充电网容量，使发电量达到项目预期目标，目前仍在建设过程中。

3. 加拿大彭帕奇项目

彭帕奇项目是加拿大正在开发中的一项大型潮流能发电项目，该项目由可持续海洋能源公司和米纳斯潮流能有限合伙人公司共同开发，计划在格兰德水道（Grand Passage）附近，利用 SME 的 PLAT-I 漂浮式潮流能技术，实现 9MW 的发电容量，并为新斯科舍省（Nova Scotia）电网供电。该项目将分阶段执行，在第一阶段，SME 计划利用三套 PLAT-I 平台（每套最大容量 420kW），实现 1.26MW 的装机容量。在苏格兰企业的支持下，PLAT-I 平台在苏格兰完成了开发和设备测试，并于 2018 年 9 月移至新斯科舍省，安装在格兰德水道。此后，进行了一段时间的环境监控设备调试和测试，2019 年 2 月 23 日开始供电，成为目前在新斯科舍省安装的唯一运行中的潮流能系统。

4. 英国苏格兰可再生能源潮流发电公司（Scotrenewables Tidal Power）的 SR2000 项目

苏格兰可再生能源潮流发电公司是英国的又一知名潮流能研发机构，该公司研发了著名的漂浮式水轮机——SR250（发电 250kW）。在 SR250 的基础上，该公司于 2016 年 5 月 12 日推出了 2MW 级的 SR2000 水轮机，这是当时世界上单机容量最大的潮流能发电装置。2018 年 8 月，该公司宣布其 2MW 漂浮式潮流能发电原型机在连续运行的第一年中已成功产生超过 3×10^{6}kW·h 的电力，据报道这已超过该公司 2016 年推出 SR2000 之前的 12 年中整个波浪和潮流能部门的发电水平。

5. Oceade-18 潮流能发电项目

法国阿尔斯通公司（Alstom）在 2013 年收购了英国 TGL 潮流能公司，并在 TGL 公司 500kW 潮流能装置 Deepgen 的基础上研发了 1MW 潮流能发电装置。该装置采用直径 18m 的三叶片水平轴水轮机，设计座底式支撑结构，支撑结构总重量在 150t 以上。2013 年 7 月，1MW 机组布放到 EMEC（European Marine Energy Centre，欧洲海洋能源中心）并实现满发。2016 年，美国通用电气公司（GE）收购了阿尔斯通公司能源业务，并在 1MW 机组技术的基础上开发了 Oceade-18 潮流能发电装置。该装置转子直径为 18m，额定功率为 1.4MW，具有三个可变螺距叶片。它在导轨上配备了即插即用模块，可通过机舱后部的检查口轻松访问，以加快组装和维护速度。该机组具有正浮力，易于拖曳作业。不需要专门的船只和潜水员，安装和维护成本较低。因此，与 1MW 机组相比，Oceade-18 更加高效且性价比更高。

6. 英国月亮能源公司（Lunar Energy）**的 RTT 潮流能发电项目**

英国的月亮能源公司也是一家起步较早的潮流能研发机构，其所研发的 RTT 潮流能水轮机在技术的特点是在传统的水轮外又采用了导流罩结构。导流罩使得通过叶轮的水流速度更快，机组的获能更高。

7. 美国（Verdant Power）**绿色能源公司的 RITE 项目**

美国的 Verdant Power 公司是一家由波音公司联合其他业内同行成立的知名潮流能技术研发公司，与其他公司不同，Verdant Power 公司所开发的项目都在河口和入海口，如纽约东河口 RITE 项目，因此，它所开发的单机容量与其他公司相比较小。

8. 意大利科博尔德（Kobold，日耳曼传说中的精灵）**潮流能发电机**

PDA 公司是意大利知名的潮流能研究机构，它联合那不勒斯费德里克二世大学（University of Naples Federico Ⅱ）一起研发了 Kobold 样机——一台漂浮式垂直轴潮流能装置，并在西西里岛附近完成测试。与漂浮式水平轴潮流能装置一样，它也适合拖曳维护，便于安装、运输。

9. 米内斯托（Minesto）**水下风筝潮流能转换项目**

米内斯托水下风筝潮流能转换装置是一种新颖的概念装置。这种概念装置可由锚系缆绳连接到海床上，装置可以绕缆绳转动，同时锚系缆绳也可以绕海底的锚泊点转动。米内斯托潮流能转换装置采用一种风筝滑翼结构，使得机组可以自动适应流速大小和流向的变化，并自动调整方向和位置，对潮流动能进行更高效地利用。米内斯托潮流能转换装置对海底平坦度要求低，也不需要稳定的流速方向，在潮流或海流不稳定或变化无规律的地区，有较大优势。

除上述潮流能发电装置之外，国外典型的潮流能发电装置还包括：挪威哈默菲斯特·斯特罗姆公司（Hammerfest Strøm）研发的 HS1000、荷兰蓝水公司（Bluewater）研发的 BlueTEC 潮流能发电平台、美国戈尔洛夫螺旋涡轮公司（Gorlov Helical Turbine，GHT）研发的垂直轴螺旋式叶轮机等。

1.2.2 国内典型潮流能发电项目

我国潮流能发电技术起步较晚，但近年来在政府和相关商业公司的大力支持下取得了长足的进步，研发出一系列潮流能发电装置，主要潮流能发电技术已全面进入海试阶段，基本解决了潮流能发电的关键技术问题。国内主要的潮流能发电项目及装置包括但不限于以下几种：

1. “海能”系列潮流能发电项目

“海能”系列潮流能发电装置由哈尔滨工程大学牵头研发，主要包括“海能Ⅰ”“海能Ⅱ”“海能Ⅲ”这三种型号的潮流能发电装置。“海能Ⅰ”为总容量为300kW的双机组潮流能发电装置，于2013年4月在浙江岱山县龟山水道成功运行。“海能Ⅱ”总容量为200kW，采用漂浮式水平轴叶轮直驱低速发电机技术，载体由4组高弹性系泊系统固定于海床，叶片可变桨控制以适应双向潮流。“海能Ⅲ”总容量为600kW，采用漂浮式垂直轴十字形叶轮经增速器驱动发电机技术方案，载体由4组高弹性系泊系统固定于海床，有2台水轮发电机组。

2. 浙江大学650kW潮流能发电机组项目

浙江大学650kW潮流能发电装置是一种高效的水平轴机组，该机组由国家自然资源部海洋可再生能源专项“百千瓦级海洋能装备技术优化及海岛应用示范——千瓦级海洋潮流能发电机组工程示范与应用”资助，于2017年下半年完成研制并成功并网发电。此后，浙江大学对该机组开展了新一轮优化设计和工艺改进，实现了叶轮结构和工艺的优化，在进一步减小轴向推力荷载的同时，也强化了防腐防砂抗磨损的性能，完成了传动系统的模块化改进，优化了机组的现场维修方案。目前，经过改进后的650kW潮流能发电机组已于浙江省舟山市摘箬山岛浙大海洋能试验电站再次并网发电，是国内目前单机发电功率最大的海（潮）流发电装备。

3. “海远号”百千瓦级潮流能发电机组项目

“海远号”潮流能发电装置是由中国海洋大学研制的百千瓦级机组，该机组包括两台50kW的水平轴发电机组，额定流速为1.5m/s。机组采用变桨距控制技术和半直驱传动系统，可实现换向功能和机组运行状态的实时监测与控制；采用塔架式支撑结构和重力式基础，保证整个结构的稳定性，避免了漂浮式载体的多维运动对机组性能的干扰影响及动荷载造成的疲劳破坏。2013年8月，该装置于青岛斋堂岛附近海域开始示范运行，电力通过1km海底电缆上岸接入500kW海岛多能互补独立电力系统的中央控制室。运行结果表明：机组运行平稳，输出稳定；最佳获能桨距角时，启动流速为0.4～0.5m/s；机组效率为36.1%。

4. 联合动力300kW潮流能发电机组项目

联合动力300kW潮流能发电机组采用水平轴、两叶片、紧凑半直驱传动、漂浮式基础，在浙江舟山摘箬山岛附近海域运行。截至2018年7月31日，该300kW海洋潮流能发电机组已持续稳定运行3个月。机组切入流速（0.5m/s），整机转换效率（40%），在流速1.9m/s的情况下就可实现功率满发，优于2m/s的设计指标，月平均可利用小时数

167h，等效年平均可利用小时数超过2000h。

除上述潮流能发电装置之外，国内典型的潮流能发电装置还包括：哈尔滨工程大学“海明Ⅰ”10kW潮流能发电装置、万向系列潮流能发电装置；东北师范大学20kW桁架座底潮流能发电装置；中国海洋大学“海川号”轴流式潮流能发电装置等。尽管我国的潮流能发电技术近年来取得蓬勃发展，但是依旧缺乏规模化和商业化发展，与国外的先进技术相比还存在一定的差距。

1.3 本书主要内容

总体而言，国际潮流能技术目前处于全比例样机实海况测试阶段，尽管有部分产品实现了并网发电，但是潮流能的大规模产业化仍然任重道远，这不仅需要加强关键技术应用研究，还需要资源、政策等多方面的支持。在潮流能发电装置设计过程中，需要攻克一系列关键的技术问题，包括资源评估、装备设计、安装维护、电力输送、防腐、环境影响评估与安全性能等。上述问题给潮流能发电装置的设计带来了很多挑战和困难。

本书作者结合近年来的工作经验，尝试性对潮流能发电及发电场设计进行归纳和推断，以期为读者提供一个系统性的介绍，同时书中每个章节又自成体系，读者也可以根据需要直接参考每个章节。

第 2 章　潮流能资源评估方法

海洋能资源评估的准确性一定程度上受制于海洋能转换技术的发展水平。当前，由于各类海洋能资源的转换技术的发展水平不同，其资源评估方法仍有待进一步统一完善。其中，作为转换技术相对成熟的潮流能和波浪能开发利用，欧洲海洋能源中心（European Marine Energy Centre，EMEC）、国际电气协会分别于 2008 年和 2015 年编制了两种能源的资源特性分析与评估的相关技术规程，其中规定了资源评估过程中的阶段划分、数据获取的内容、形式、方法，资源要素统计的分析方法、公式，评估报告的框架和内容等。总体上，上述标准的编制为潮流能电站选址和工程设计工作提供了一个规范依据，对其开发利用起到了促进作用，然而，由于目前还未建立起一套完整统一的海洋能名词术语体系，以及对海洋能开发过程中发电装置与海洋动力要素的相互作用机制并未完全清晰，使得当前的评估标准的实用性和评估结果的可比性并不强。

目前，我国正在积极研究制订有关潮流能资源调查评估的相关标准规范，已形成部分国家标准，如《海洋可再生能源资源调查与评估指南第 2 部分潮流能》（GB/T 34910.2—2017）。狭义上讲，潮流能资源评估方法仅指潮流能资源总量的估算理论基础和计算公式，而广义上的潮流能资源评估方法应包括评估数据的获取形式（如现场调查、潮流数值模拟等）、评估参量种类（功率密度、理论蕴藏量、技术可开发量等）、具体的计算公式、分析工具等。

2.1　评估源数据

如按照评估基础数据来源不同划分，潮流能资源评估过程中的数据可分为实测数据和数值模拟预报或后报数据两类。

其中，一类为利用实测数据开展资源分析与评估的方法。获取实测潮流数据的仪器设备主要包括转子式（机械式）海流计、多普勒流速剖面仪（ADCP）、电磁海流计等多种类型。例如，国内学者匡国瑞等曾利用短期实测潮流数据结合郑志南法对成山头外海域的潮流能进行了初步估算；武贺等利用潮流调和分析预报重新对成山头外潮流能资源进行了分析；王智峰等在舟山海域高亭水道、灌门水道开展十余个站位潮流的周日定点连续观测，利用实测潮流数据分析上述海域的潮流能资源特征。

第二类评估方法的数据来源于数值模拟技术，即利用潮流数值模拟为潮流能资源评估提供丰富的潮流场数据。由于实际海洋中的地形、岸线变化复杂，加之风浪等因素影响，潮流场的空间分布很不均匀，难以通过实际观测详细掌握潮流场的空间分布特征。因此，数值模拟可以在十分经济的前提下，利用实测海流、潮位数据对潮流数值模型进行验证，从而为潮流能资源评估提供基础资料。欧洲海洋能源中心发布的《潮流能资源评估规范》（Assessment of Tidal Energy Resource）中曾提到了多种潮流数值模式，如使用广泛的 Delft3d、ROMs、Mike21 等。除此之外，早期国内物理海洋领域应用较多的 FV-COM、POM、ECOMSED 等数值模型也常被用于潮流能资源特征分析与评估。

2.2 潮流能资源评估参数

潮流能资源评估参数是表征潮流能资源总量大小、时空分布趋势的重要内容。总量方面，我国在潮流能资源表征过程中一般借鉴水利科学中的表征方式，分为理论蕴藏量（资源总储量）、技术可开发量、经济可开发量等，欧美国家的潮流能资源评估则主要以可开发量（exploitable or extractable energy）作为表征参数，该参数与我国的技术可开发量略有几分相似。时空分布方面，平均功率密度是世界各国采用最多的一类特征值，而且为了体现潮流能有明显的大潮、小潮半月周期，英国潮流能资源分布图采用了年平均大潮（小潮）最大流速和年平均大潮（小潮）最大功率密度。近年来，我国在主要海洋能资源调查与评估研究中也借鉴了上述参数的表现形式，并根据我国潮汐潮流大、小潮的定义习惯进行了一定修改和调整。此外，近期海洋能资金专项“潮汐能和潮流能重点开发利用区资源勘查与选划”项目的研究工作中引入了潮流能有效小时数、可能最大流速等几个重要特征参量，为潮流能开发利用过程中的年发电量统计和工程设计提供科学参考。

2.2.1 潮流能理论蕴藏量

一段时间内通过特定水道断面的潮流动通量的平均值为

$$P = \frac{\rho}{2T}\int_{0}^{t+T}\int_{0}^{L}\int_{-H}^{0}|V|^{3}\mathrm{d}z\mathrm{d}x\mathrm{d}t \tag{2-1}$$

式中，P 为潮流能理论蕴藏量；t 为初始时刻；T 为评估周期，一年；L 为水道宽度；H 为水深；ρ 为海水密度，取 1025kg/m^3；V 为水流速度。

注：本评估方法主要以潮流数值模拟数据作为评估主要基础数据。

2.2.2　潮流能（技术）可开发量

目前，对于潮流能资源（技术）可开发量的估算方法在国际上争议比较大。主要包括两大类：一种是不考虑潮流能水轮机与流场相互作用过程的（简易）能通量方法；另一种是考虑水轮机与流场相互作用的动力分析方法。其中基于能通量的方法主要包括：国内郑志南提出的简易评估法、欧盟委员会提出的场（FARM）方法、布莱克威奇咨询有限公司（Black & Veatch Consulting Ltd）提出的通量（FLUX）方法。基于动力分析的方法主要源于加勒特（Garrett）和卡明斯（Cummins）提出的新方法，一般被称为“加勒特方法”。

1. 郑志南方法

国内的潮流能资源技术可开发量的评估方法中，主要为郑志南提出的近似正弦曲线法。该方法利用潮波显著的半月周期构造了潮流正弦变化曲线，并通过一些简单近似和机组效率因子得到潮流能技术可开发量。其思路如下：

潮流流速存在多个周期的变化，包括日周期、半日周期、月周期、年周期等，其中，以半日周期和全日周期最为明显，其组合也形成了明显的半月周期。因此该方法通过对大潮、小潮的流速极值构造了一个振幅逐渐变化的正弦函数曲线，经数学推导后得到平均能流密度的计算公式，即

$$\overline{P}=\frac{1}{12\pi}(5+3a+3a^2+5a^3)P_s \tag{2-2}$$

式中，$a=V_n/V_s$；V_s 和 V_n 分别表示大、小潮期间最大流速；P_s为最大能流密度。

在技术可开发量的估算方面，该方法亦采取了类似场方法，即将理论蕴藏量计算结果与各种效率相乘，得到潮流资源技术可开发量。

2. 场方法

场方法是1996年在开展欧洲沿岸潮流能资源调查工作时提出的。此法可以理解为潮流能发电机阵列或装置集群，思路类似于风能计算法。先假定有多台相同的设备组成一个阵列，安装在潮流通道上，可开发的资源总量等于各台设备开发量的总和。采用该方法进行潮流能资源的估算依赖于开发装置的种类、效率、安装方式等。

平均功率密度 P_m 计算式为

$$P_m=\frac{1}{2}\rho V^3 \tag{2-3}$$

式中，ρ 为海水密度；V 为水流速度。

单台机组的平均功率密度 P_d 计算式为

$$P_d=P_m A_s \eta_t \tag{2-4}$$

式中，A_s为叶轮的扫流面积，$A_s=\pi\left(\frac{D^2}{4}\right)$；$D$为转子直径；$\eta_t$为总效率，即转子效率、齿轮传动效率、发电机效率以及电力传输效率之积，显然，该数值仅与潮流发电设备有关

基于场方法，总的可开发潮流能P_t为

$$P_t=P_d\rho_d A \tag{2-5}$$

式中，A为潮流能开发海域的水平面积；ρ_d为单位海域面积的机组数目。

3. 通量方法

通量方法主要与潮流经过水道的能通量和有效影响因子有关。基于通量方法，水道潮流能资源理论蕴藏量P_E为平均功率密度与水道断面（垂直于主流向）面积A_{cs}之乘积，即

$$P_E=P_m A_{cs} \tag{2-6}$$

潮流能的总蕴藏量中，只有一部分是可以被开发利用的，其原因主要与潮流能开发过程中潮流能水轮机与动力环境的相互作用有关，尤其当为了获取高的潮流能开发量而将设备布放得比较密集时，上下游的潮流流速会发生很大的变化，所以，如果希望在开发潮流能的同时基本保持潮流场的原有动力形态，可供开发的潮流能只能保持在一定比例范围之内。有效影响因子SIF是指在不对环境产生显著影响的前提下，可供开发利用的潮流能占总潮流能资源的百分比。

潮流的可开发量可简单表示为总蕴藏量与有效影响因子的乘积，即

$$P_t=P_E\cdot \mathrm{SIF} \tag{2-7}$$

4. 加勒特方法

加勒特和卡明斯针对水道和小海湾两种情形开展理论研究，在一定假设的前提下，提出一种不同的潮流能可开发量计算方法，其针对狭长水道的计算公式为

$$P_{max}=\gamma\rho g a Q_{max} \tag{2-8}$$

式中，a为水道两端的最大水位差；Q_{max}为无水轮机时水道最大水体通量；系数γ为0.21～0.24。

式(2-8)是在只考虑一个主要分潮时得出来的，若考虑多个分潮，该式需要进行修正。

针对小海湾的情形，该方法假定海湾足够小，湾内水位均匀分布，而湾外水位表示为$a\cos\omega_t$，潮流由湾内与湾外的水位差驱动。机组置于湾口，当机组带来的摩擦使得内潮差变为自然状态下潮差的74%时，获得最大潮流能P_{max}，加勒特将其计算式总结为

$$P_{max}=0.24\rho g a Q_{max} \tag{2-9}$$

吕新刚等曾对上述几种方法进行过详细介绍，并指出：对潮流能理论可开发量的计算至今没有一个公认的准确的计算方法，在对大范围水域的实际评估中用的最多的是场

方法和通量方法。其中场方法计算思路清晰，但在实际计算中的计算结果往往会偏大。通量法计算简单，潮流能理论蕴藏量的计算与设备无关，只与当地海域类型有关，目前有效影响因子取值范围主要为10%～20%。908专项“我国近海海洋可再生能源调查与研究”项目和海洋能资金专项“潮汐能和潮流能重点开发区资源勘察与选划”均采用通量方法开展评估工作，为方便比较和保持一贯性，本书中亦采用该方法估算我国重点海域的潮流能资源可开发量，影响因子系数取值见表2-1。

表2-1　通量方法有效影响因子取值列表

序　号	海域类型	原推荐取值	本书取值
1	水道（inter-island channels）	10%～20%	15%
2	开阔水域（open sea sites）	10%～20%	20%
3	海岬（headlands）	10%～20%	20%
4	海湖（sea loches）	<50%	—
5	共振河口（fesonant estuaries）	<10%	10%

2.3　我国近海潮流能普查

第一次大规模的潮流能资源评估源自于“中国沿海农村海洋能资源区划”研究工作。王传崑等根据当时海图潮流资料对130个水道进行统计，其研究表明，全国沿岸潮流能资源平均理论总功率为1.396×10^{7}kW。全国潮流能资源分布很不均衡，在东海沿岸较为集中共95个水道，理论平均功率为1.096×10^{7}kW，占全国总量的78.6%。在各省区沿岸的分布中，浙江省沿岸最多，有37个水道，平均功率为7.09×10^{6}kW，占全国总量的一半以上。其次是台湾省、福建省、山东省和辽宁省沿岸，共计为5.87×10^{6}kW，占全国总量的41.9%。

第二次大规模的潮流能资源评估主要指2004年开始实施的“中国近海海洋综合调查与评价”专项中的两项任务，即“中国近海海洋可再生能源调查与研究”和“中国近海海洋可再生能源开发与利用前景评价”。该项工作利用潮流数值模拟技术提供的基础数据估算了中国主要水道的潮流能资源。调查结果表明，中国近海具有开发潜力的99条主要水道的潮流能资源潜在量为8.33×10^{6}kW，技术可开发量为1.66×10^{6}kW。资源主要分布于渤海海峡、舟山群岛诸水道、福建诸湾口、琼州海峡等海域。

第三次较大规模的潮流能资源评估研究源自于海洋能专项资金项目“潮汐能和潮流能重点开发利用区资源勘查与选划”。该项目在前两次普查和初步评估分析的基础上，采用FVCOM数值模型对中国近海开发利用潜力较大的十个海域进行了更为细致的评估。其模型水平分辨率达到了100m，实测海流数据的站位也进一步扩大，评估过程中引入了反映潮流能资源时间变化特征的“有效流时”等要素。总体上第三次全国性潮流能资源普查研究较第一次和第二次在区域选择上更有针对性，在调查手段、数据分析、评估方法等方面更加先进和科学。结果表明：中国近海具有开发利用前景的渤海海峡、成山头外海域、胶州湾、斋堂水道、长江口、杭州湾、舟山海域、三沙湾、金门水道、琼州海峡10个重点海域75条水道截面的潮流能资源理论蕴藏量约为5.56×10^{6}kW。其中，潮流能三类区以上（资源区划分标准见表2-2）面积13670.7km^2，占总面积的98.4%，二类区海域面积约为183.6km^2，占总面积的1.3%，一类区面积仅为36.6km^2，占总面积的0.3%。

表2-2　中国近海潮流能资源区划等级

区划等级	丰富区（一类区）	较丰富区（二类区）	可开发区（三类区）	贫乏区（四类区）
区划类别编号	1	2	3	4
大潮平均功率密度 P/(kW/m^2)	$P \geq 8$	$8 > P \geq 4$	$4 > P \geq 0.8$	$P < 0.8$
最大流速参考值 V/(m/s)	$V \geq 2.5$	$2.5 > V \geq 2$	$2 > V \geq 1.2$	$V < 1.2$

需要指出的是，上述统计值仅能代表中国近海具有一定开发利用前景的水道潮流能资源量，并不能完全代表进入中国近海的全部潮流能理论资源量，而且随着潮流能技术的不断进步，尤其是叶轮启动流速的进一步降低，潮流能资源可开发海域面积还将进一步增加，相应的潮流能资源总量也必将增大。

第3章　叶轮设计原理与方法

3.1　叶片力学基础回顾

叶轮是将潮流能转换为机械能的关键核心部件。如何优化其载荷特性和功率特性将直接关系到潮流能发电机的结构设计，以及可靠性、项目实施成本、发电效率和发电量。

潮流能是海水在涨落潮周期运动中所携带的动能，用 E 表示，单位是 W（瓦）。流体中蕴含的能量与流体的密度，叶轮扫流面积和潮流速度相关。当海水的密度为 $\rho(\mathrm{kg/m^3})$，潮流速度为 $V(\mathrm{m/s})$，叶轮扫流面积为 $S(\mathrm{m^2})$ 时，潮流能量（单位为 W）可表示为

$$E = \frac{1}{2}\rho V^3 S \tag{3-1}$$

潮流的能流密度是指通过叶轮单位面积的潮流能，即

$$e = \frac{1}{2}\rho V^3 \tag{3-2}$$

从式(3-2) 可以发现，能源密度正比于流体的密度，而水的密度远大于风的密度，因此潮流能比风能具有更高的能流密度，这是潮流能相对风能发电的一大优势。

当然以上的推导是在理想情况下进行的，实际在提取流体能量的过程中，水动力效率、机械效率和电能转换过程都会造成能量的损失，因此能够转换为电能的仅为流体携带能量的一部分。

本章将对叶轮叶片的力学基础进行回顾：包括二维翼型的几何参数，二维翼型的升力与失速，以及二维翼型攻角和雷诺数的计算。以上这些概念是进一步分析叶轮整机水动力性能的基础。

3.1.1　翼型的几何参数

潮流能发电机叶轮的叶片是采用各种翼型制作而成的，图 3-1 是一个典型翼型的几何参数示意图。

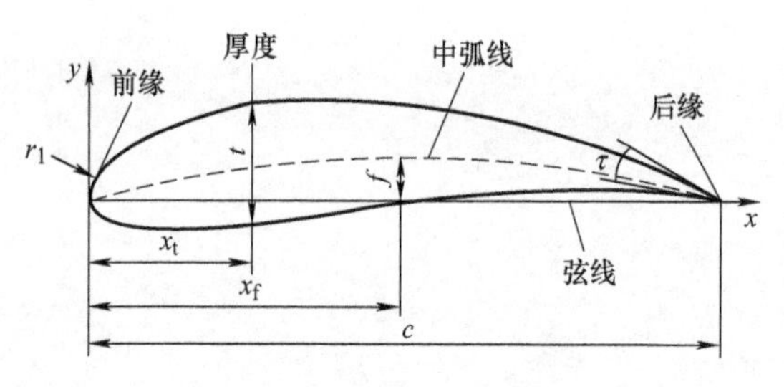

图 3-1　翼型的几何参数

其中，与翼型上表面和下表面距离相等的曲线称为中弧线。一般来说，我们用如下几个参数来描述二维翼型：

（1）前缘、后缘　翼型中弧线的最前点称为翼型的前缘，最后点称为翼型的后缘。

（2）弦线、弦长　连接前缘与后缘的直线称为弦线，其长度称为弦长，用 c 表示。弦长是很重要的数据，翼型上的所有尺寸数据都是弦长的相对值。

（3）最大弯度、最大弯度位置　中弧线在 y 坐标最大值称为最大弯度，用 f 表示，简称弯度；最大弯度点的 x 坐标称为最大弯度位置，用 x_f 表示。

（4）最大厚度、最大厚度位置　上下翼面在 y 坐标上的最大距离称为翼型最大厚度，用 t 表示；最大厚度点的 x 坐标被称为最大厚度位置，用 x_t 表示。

（5）前缘半径　翼型前缘为一圆弧，该圆弧半径称为前缘半径，用 r_1 表示。

（6）后缘角　翼型后缘上下两弧线切线的夹角称为后缘角，用 τ 表示。

如图 3-2 所示，对称翼型的弯度为 0，$t_1 = t_2$，上下表面对称。

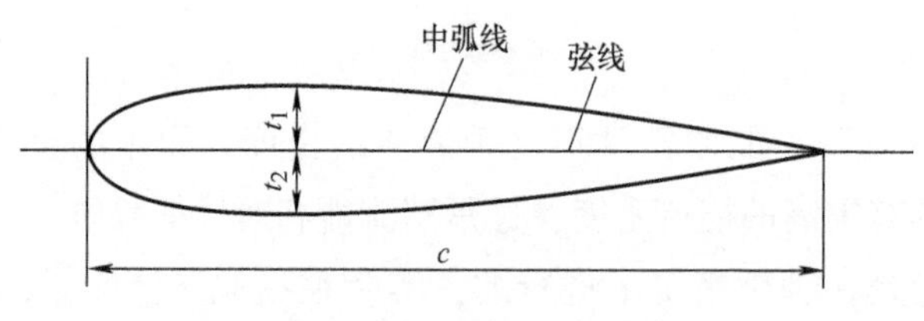

图 3-2　对称翼型示意图

图 3-3 所示是一个性能较好的低阻带弯度翼型，在水平轴叶轮中应用较多。

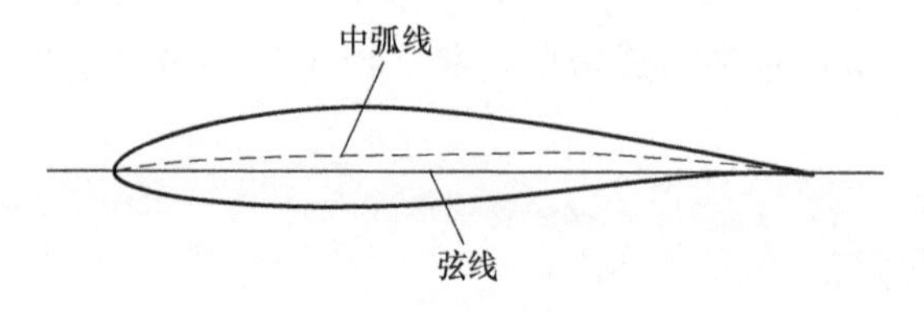

图 3-3　风力机和叶轮常用低阻翼型示意图

3.1.2　翼型的升力与阻力

图 3-3 为一个低阻翼型的流动示意图，我们定义翼型弦线与气流方向的夹角（攻角）为 α，当气流从翼型表面流过时，翼型上方的气流速度比下方快，根据流体力学的伯努利原理，翼型将会受到一个与来流方向垂直的升力 F_l，当然，翼型在平行于气流方向也会受到一个阻力 F_d。

一般地，对于二维翼型，我们定义无量纲的升力系数 C_l和阻力系数 C_d来描述翼型的受力特点，其计算公式为

$$C_l = \frac{F_l}{\frac{1}{2}\rho AV^2} \tag{3-3}$$

$$C_d = \frac{F_d}{\frac{1}{2}\rho AV^2} \tag{3-4}$$

式中，F_l是二维翼型的升力；F_d是二维翼型的阻力；ρ 是流体的密度；A 是参考面面积，等于弦长 c 乘以单位长度；V 是来流速度。

3.1.3　翼型的失速

在翼型上产生的升力与攻角的大小密切相关。在攻角增大之初，升力随着攻角的增大而增加。但当攻角达到临界值后，随着攻角的增大，在翼型上产生的升力则会迅速减小。这种随攻角增大，翼型上的升力迅速减小的现象称为翼型失速。失速的原因主要是流动分离现象的产生。图 3-4 是正常情况下翼型附近的流动状态，此时没有发生流动分离，翼型有较大的升力，同时阻力很小。

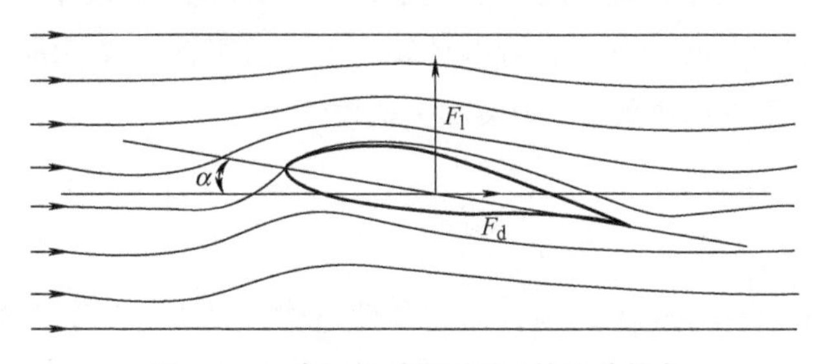

图 3-4　正常运行时翼型附近的流动状态

但是攻角 α 大到一定程度后，气流将在翼型上方发生分离，并在翼型前缘后方会产生涡流，从而导致升力下降，发生翼型失速，对应的流动状态如图 3-5 所示。

图 3-6 所示为一个典型的翼型的升力系数 C_l随攻角 α 变化的曲线参考图。由图可见，

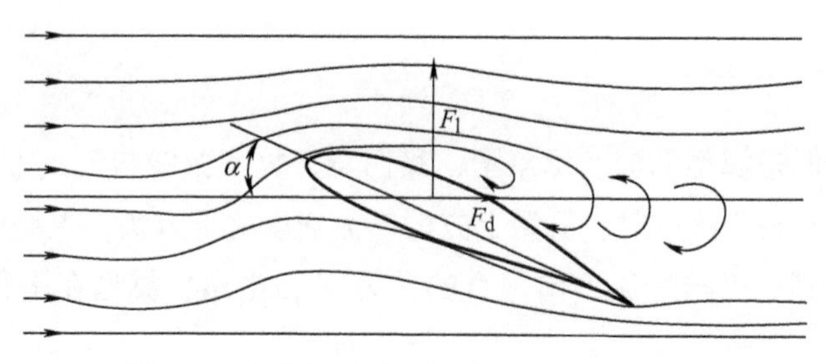

图 3-5　大攻角运行时翼型附近的流动状态

当攻角 α 达到 11°时进入失速状态，升力骤然下降，此时阻力系数也会大幅上升，故该翼型的失速攻角 α 为 11°。

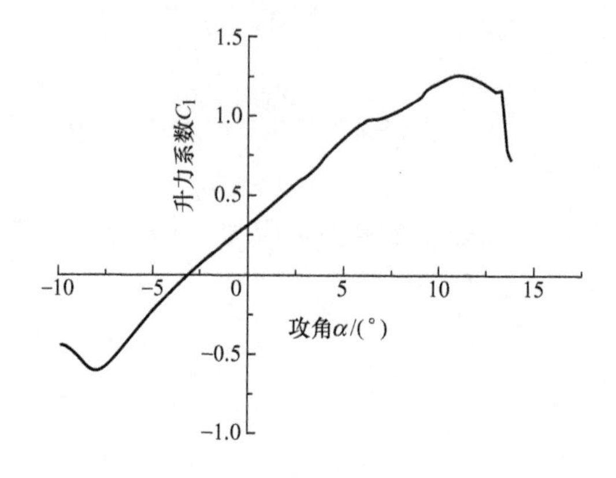

图 3-6　升力系数随攻角的变化曲线

大多数有弯度的薄翼型与该曲线所示特性相近。在曲线图中看出翼型在攻角为 0°时依然有升力，这是因为即使攻角为 0°，翼型上方气流速度仍比下方快，故有升力，当攻角为一负值时，升力才为零，此时的攻角称为零升攻角或绝对零攻角。

翼型在失速前阻力是很小的，在近似计算中可忽略不计。普通翼型的失速攻角多在 10° ~ 15°，一般薄翼型失速攻角小，厚翼型失速攻角大。

3.1.4　雷诺数

雷诺数是衡量作用于流体上的惯性力与黏性力相对大小的一个无量纲参数，雷诺数用 Re 表示，其计算公式为

$$Re = \frac{Vl\rho}{\mu} \tag{3-5}$$

式中，ρ 是流体密度；V 是流场中的特征速度；l 是特征长度；μ 是流体的动力黏度。

流体的黏度主要随温度变化，空气的黏度随气温升高而加大；海水则相反，温度升

高黏度减小。此外，我们定义 ν 为流体的运动黏度，其与动力黏度 μ 的关系为

$$\nu = \frac{\mu}{\rho} \tag{3-6}$$

于是，

$$Re = \frac{Vl}{\nu} \tag{3-7}$$

雷诺数对翼型水动力或者气动特性影响很大，通常雷诺数越大，翼型的失速攻角越大，最大升力系数也会增大。

3.2 叶轮旋转动力学基础

在3.1节中，已经分析了单个叶片在二维状态下的力学性能，现在以此为基础，考虑实际三维空间中的水平轴叶轮力学性能。

图3-7是为上海交通大学多功能拖曳水池设计的两叶水平轴潮流能叶轮部分的照片。可以看到，潮流能叶轮的叶片形状与陆地上的水平轴风机类似，均为细长结构，因此，对于某一单个叶片，可以将其拆分为多个叶元体来考察其力学性能。

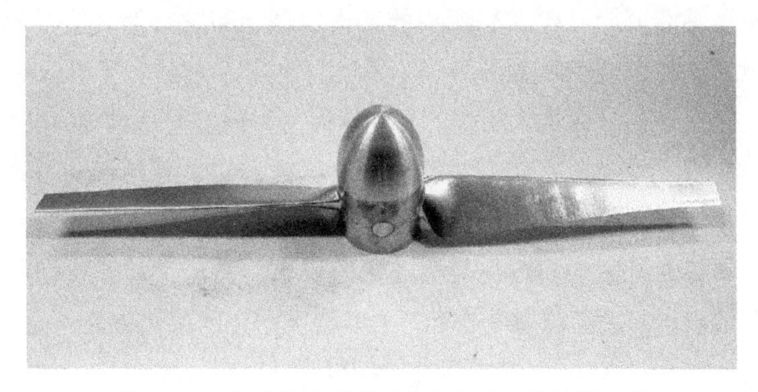

图3-7 上海交通大学多功能拖曳水池设计的叶轮

考虑某半径为 r、与叶轮共轴心的圆柱面，该圆柱面与叶片相交，将相交的切面展成平面，可以画出图3-8所示的叶元体速度三角形。

在图3-8中，θ 为叶元体的几何螺距角，即该叶元体弦线与叶轮旋转平面的夹角，$2\pi\omega$ 为由叶轮旋转而产生的切向速度，V_∞ 为无穷远处的来流速度（考虑叶轮正对来流，则只有轴向分量），而 u_a 与 u_t 为叶轮旋转产生的轴向和切向诱导速度，u_n 为合的诱导速度。受到诱导速度的影响，叶元体处的实际流速在切向上小于 $2\pi\omega$，在轴向上小于 V_∞。这从物理上很好理解：叶轮旋转会导致附近水流同向旋转，因此叶轮切向速度与水流切向速度的差值会减小，而叶轮作为能量捕获装置，对来流起到阻碍作用，水流靠近叶轮

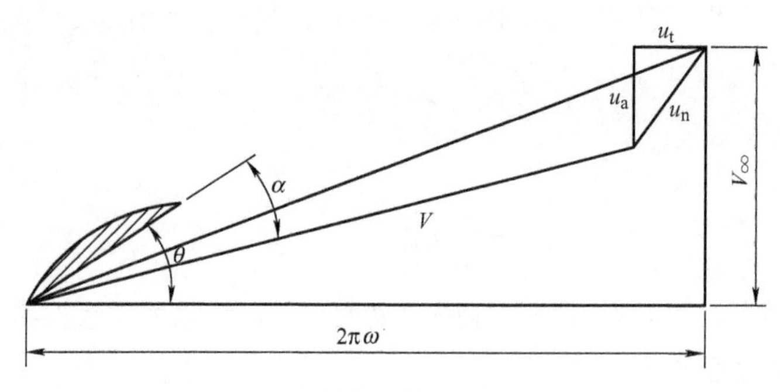

图 3-8　叶元体速度三角形

时其速度必然减小。

因此，叶片切面与周围流体的相对运动从结果来看，可以单纯考虑为水流以速度 V、攻角 α 冲击该处叶切面。而该处叶面切合力可分解为轴向力与切向力，将切向力与该处叶元体相对于叶轮叶片旋转中心的位置矢量做叉乘，则可以得到由切向力引起的转矩，将轴向力与转矩沿着半径方向积分，就可以得到该叶片受到的总转力与总转矩，将每一个叶片的推力转矩相加求和，就可以得到叶轮总的推力 F 与转矩 T，将转矩乘以叶轮的转速，便可以求出叶轮从来流中捕获能量的功率。

以上就是水平轴潮流能叶轮在来流中的工作原理，即它是怎么旋转起来，又是怎么从水中获取能量的。如果将叶轮考虑为一个系统，上文着重讲解了输入量（叶轮几何形状、来流条件、转速等）经过这个系统的处理从而变为输出量（推力、转矩、功率等）。

本节剩余的内容，将会探究这个系统输出量与输入量之间的相互关系，即叶轮工作时其输出的推力、转矩、功率与来流条件之间的关系。

在科学研究中，为了达到规范化与标准化的要求，我们常常需要把各种物理量进行无因次化，现在给出水平轴潮流能叶轮宏观力学性能的无因次化参数。

尖速比 TSR
$$\lambda = \frac{\omega R}{V_\infty} \tag{3-8}$$

推力系数
$$C_F = \frac{F}{0.5\rho V_\infty^2 \pi R^2} \tag{3-9}$$

扭矩系数
$$C_T = \frac{T}{0.5\rho V_\infty^2 \pi R^3} \tag{3-10}$$

功率系数
$$C_P = \frac{P}{0.5\rho V_\infty^3 \pi R^2} \tag{3-11}$$

式中，V_∞ 为无穷远处的来流速度；R 为叶轮叶片半径；F 为叶轮推力；T 为叶轮转矩；P 为叶轮功率。

在这些无因次量中，最重要的是功率系数。观察功率系数的分母，可以将其拆分为

$0.5\rho V_\infty^3\pi R^2=0.5\cdot\rho V_\infty\pi R^2\cdot V_\infty^2$，其中，$\rho V_\infty\pi R^2$ 即为单位时间内穿过叶轮盘面内的水流质量，因此整个分母可以考虑为当叶轮不存在时单位时间内流经叶轮盘面的流体动能，而叶轮输出功率 P 的物理含义为单位时间内叶轮从来流动能中捕获的能量，这种能量以转矩的形式传递给发电机。

因此，功率系数表示了叶轮从来流中提取能量的能力，是潮流能叶轮的核心参数。

而尖速比 TSR 则是表征叶轮运行状态的重要指标，顾名思义，它代表了叶轮旋转时叶尖线速度与远前方来流速度的比值，当然，这也可以从公式中看出。观察叶元体速度三角形可以看出，TSR 在很大程度上影响了攻角 α，而攻角 α 又是叶片附近重要的流场信息。

开始讨论之前，需要了解到，叶轮在工作时，其转速是人为控制的，这可以通过调整发电机参数等方式来实现，并非是将叶轮放在水流中任其自由旋转的。

相信大部分读者在小时候都玩过手持的小风车，当微风迎面吹来，小风车吱呀吱哟地转，有些调皮的小朋友可能会尝试捏住小风车的转轴，你能很明显地体会到，用劲儿越大，风车转得越慢，这就说明，在一定的来流速度下，转矩与转速呈负相关的关系。反映到我们的叶轮研究中，用尖速比代替转速，则可以很容易引申理解为：在流速一定时，尖速比越小，转矩越大，这个结论在推力上同样适用。而当尖速比达到一定程度时，转矩与推力会等于零，此时相当于将叶轮在水流中自由释放，不从水流中提取能量。如果尖速比继续增大，推力与转矩的方向会反转，从能量角度来看，从提取能量的一方变成了消耗能量对外做功的一方，叶轮摇身一变，成了螺旋桨。

我们讨论随着尖速比的增大，功率的变化趋势。功率等于转矩乘以转速，这两个量与尖速比的关系，一个是单调递减，一个是单调递增。在通常情况下，无法确定单调递增函数与单调递减函数的乘积的单调性，但是在潮流能叶轮的实际问题中，如果考虑转矩正值的区间内，转矩与转速均为正，且这两个量分别在低尖速比和高尖速比时可取到 0，所以，功率系数在一段连续区域内，必然会出现两端为零点，中段为正值的情况，因此，功率系数必然存在正的最大值。而如图 3-9 所示的实验数据也证明了这一推断。

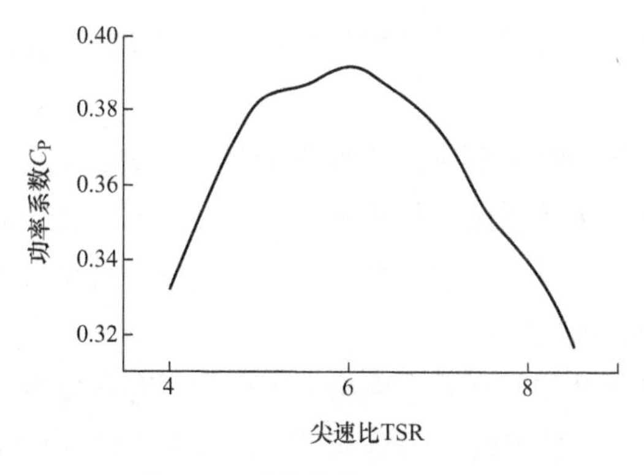

图 3-9　叶轮的典型 C_P 曲线

叶轮功率系数随尖速比变化的曲线表征了叶轮在不同工况下运行的力学性能，由图3-9可以看出，随着尖速比由低到高变化，功率系数呈现先增大后减小的趋势，这说明潮流能叶轮存在着一个最佳工况，在该工况下运行时，叶轮的能量捕获效率最高。

如何设计叶轮以及提高其最大功率系数将是3.3节介绍的内容。

3.3 叶轮优化方法

叶轮的优化涉及叶片结构设计、结构尺寸、叶片数目、叶片工作攻角等问题，同时还会涉及叶轮转速控制、变桨控制、零部件材料、加工工艺等问题，是一个极其复杂的过程，设计结果的好坏会直接影响发电机的可靠性、发电效率和发电量。因此开发性能优良的水平轴潮流叶轮叶片是水动力学前沿领域的具有挑战性的问题。以著名的SeaGen机组为例，该机组的额定功率为1.2MW。叶轮转子直径为16m，额定流速为2.25m/s，最低工作流速为0.8m/s，设计功率系数为0.45，装置传动比为69.9，叶轮转子额定转速为14.3r/min。整个装置包括2台可变桨双叶片式叶轮，分别固定在横梁的两端。SeaGen叶轮的叶片可180°变角，因此机组在退潮和涨潮时均可发电。从安装到2010年8月，该装置累计发电2×10^6kW·h。

下面我们介绍一下什么叫作优化。对于初学者，优化可以粗略地理解为，给定一个映射，求出该映射的最值或者极值，在高中数学中学习的线性规划就是优化问题的其中一个分支。当该映射的自变量是具体的数时，该映射就是一个函数，而该映射的自变量本身也可以是一个函数，这时该映射就叫作泛函，当然，在数学上，优化有着更加严格的定义，但在本书中，理解到这种程度足矣。

不带约束条件的优化问题称为无约束最优化问题，带约束条件的优化问题称为约束最优化问题。而对水平轴叶轮进行优化，简单来说，就是在一定限制条件，例如工况和叶片半径一定的情况下，对叶轮叶片形状进行优化。因此，叶轮的优化问题，基本都是约束最优化问题。

在非显式的复杂优化问题求解中，常常使用迭代方法。即在设定初始解后，通过设计好的迭代算法使其一步步逼近全局最优解。对于叶轮的优化问题，我们需要根据经验结论或者已有的可靠结论，尽量将初始解设定在预期的最优解附近，这不但可以提高优化的成功率，还能提高收敛速度。

叶轮设计涉及的参数众多，且输入值与输出值之间存在复杂的关系，因此我们首先需要对叶轮进行简化，通常使用的方法是利用叶素动量理论（BEM）简化叶轮力学性能的计算。然后，采用迭代的方法进行优化求解，最后收敛到最优解。例如，美国国家可

再生能源实验室（NREL）开发的叶轮优化工具 HARP_ Opt 就使用 WT_ Perf BEM 理论代码预测叶轮性能指标，然后利用 MATLAB 遗传算法求解器进行优化。

3.4　叶轮仿生设计

3.4.1　潮流能发电机大型化面临的挑战

水平轴潮流能发电机是利用其叶轮叶片从流动的潮水中捕获能量，将潮水携带的动能转化机械能，然后再通过其传动链和部署在传动链输出端的发电机将机械能最终转化为电能输出。整个系统可产生的电能计算公式可表达为

$$P = \frac{1}{2} C_P C_C C_G \rho A V^3 \tag{3-12}$$

式中，ρ 代表海水密度；A 是潮流能发电机叶轮的扫流面积；V 代表潮流速度；系数 C_P、C_C 和 C_G 分别代表叶轮的功率系数、传动链的能量传递效率和发电机的发电效率。

从式(3-12) 中不难看出，潮流速度越高，潮流能发电机能够产出的电能也就越多，所输出的电能是潮流速度的三次方。然而，我们发现速度较高的潮流主要集中在水面和离水面较近的区域，在水面以下的潮流速度会随着离开水面距离的增加而逐渐减小，甚至完全消失。水下潮流速度分布的计算公式为

$$\begin{cases} V_z = \left(\dfrac{z}{0.32H}\right)^{1/7} \overline{V} & (0 \leqslant z < 0.5H) \\ V_z = 1.07\,\overline{V} & (0.5H \leqslant z \leqslant H) \end{cases} \tag{3-13}$$

式中，z 指的是距离海床的距离；V_z 代表的是在距离海床距离 z 处的潮流速度；H 为所处海域的水深；$\overline{V}$ 指的是沿整个水深的平均潮流速度。

无论是从机械动力学的角度还是从潮流能发电机系统可靠性的角度，在设计潮流能发电机时，我们都是希望潮流能发电机叶轮的叶片无论转动到哪一个方位，都能够受力均匀，且能够有速度高于潮流能发电机切入速度的潮流通过，这样才可以保证潮流能发电机的平稳发电。但通过分析式(3-13) 可发现，只有在距离水面较近的区域才具有均匀的潮流速度。这就意味着潮流能发电机叶轮最好部署在 $0.5H \leqslant z \leqslant H$ 这个区间内，若超过这个区间，不仅无法有效提高发电量，而且还可能因叶轮受力不均导致更多的可靠性问题。

但从式(3-12) 知道，潮流能发电机的发电量与其叶轮的扫流面积成正比。若因为有限部署区间的原因，无法增大其叶轮的直径或扫流面积，则其大型化必将会受到影响，整个项目的投入产出比也会降低。于是，如何实现潮流能发电机的大型化便成为人们需

要重点关注并深入思考的问题。还是基于式(3-12)，我们发现当无法通过增大潮流能发电机叶轮的尺寸实现大型化时，尽力提高其叶轮的捕能效率便成为唯一的选择。

3.4.2 潮流能发电机叶轮捕能效率优化

潮流能发电机叶轮捕能效率决定于叶轮上单只叶片的提升阻尼比，叶轮上单只叶片的提升阻尼比越高，叶轮的捕能效率也就越高。长久以来，人们为提高单只叶片的提升阻尼比，已经从各种技术途径出发，做了大量的研究。例如，从改进叶片材料的角度出发，通过提高叶片的强度和刚度来提高叶片的捕能效率。其代价是叶片的制造成本急剧增加，且随着潮流能发电机的大型化，单只叶片变得越来越长，如何达到理想的叶片强度和刚度也变得越来越困难。鉴于这种技术途径带来的高昂的叶片制造成本，人们更喜欢通过采用一些更加经济的方式来提高叶片捕能效率。迄今，人们已经在此方面进行了大量的科学研究工作，虽然这些研究不一定完全是针对潮流能发电机而开展的，但其技术成果完全可以用于潮流能发电机叶片的优化设计。总结这些研究成果，不难发现，已有的研究工作基本上是从以下两个方面来着手进行的：

首先，优化叶片结构设计。该设计的主要目的是在满足叶片强度和刚度要求的前提下，以最少的叶片材料来获得叶片最大的捕能能力，从而提高整个叶轮的能量捕获能力。例如，德国埃纳康（Enercon）公司将飞机机翼设计时常常采用的“小翼”移植到风力发电机的叶片根部，通过抑制叶片根部的漩涡和扰流来提高叶片的捕能效率。同时，该公司还通过缩小叶片外形截面来增加叶片的长度，从而达到在使用相同数量材料的前提下提高风力发电机叶轮扫风面积，提高叶片与叶根气动性能的目的。

其次，优化叶片翼型设计。叶片翼型的气动性能直接决定着叶片的能量捕获效率。在风力发电的早期实践中，进行风力发电机叶片设计时普遍采用的是提升阻尼比较高的NACA 或者 Gorrigen 等传统的航空系列翼型。这些翼型虽然具有良好的气动性能，但随着风力发电技术的进一步发展，它们在今天已经无法完全满足设计更高气动性能叶片的需要。于是，又先后涌现出了美国国家可再生能源实验室 S 系列、丹麦 RIS 系列、瑞典 FFA - W 系列、荷兰 DU 系列等新型翼型。不同系列的翼型各有千秋。例如，美国国家可再生能源实验室 S 系列翼型具有最大的提升阻尼比，而且具有对叶片表面粗糙度不敏感的优点；瑞典的 FFA - W 系列翼型除具有较高的提升阻尼比外，在非设计工况条件下还具有良好的失速性能，该翼型广泛用于丹麦的叶片生产商艾尔姆公司（LM）生产的大型风力机叶片的设计。

近年来，随着仿生科技在军事、工程、医学等领域的迅速发展，仿生科技在风力发电、潮流能发电等可再生能源领域的应用也逐渐受到了人们的关注，并取得了初步成效。

3.4.3 仿生学及其在叶片设计中的应用

仿生学这门学科是阐述、揭示和解释人类在向大自然不断学习的过程中，逐渐积累起来的一些经验知识。仿生学具体工作流程和主要任务是通过研究从生物系统中观察到的优异能力或优异性能，了解其发生的机理，并将其抽象为可以用具体的数学公式来表达的模型知识，然后结合某领域具体需要解决的问题，将得到的模型知识应用于新技术、新设备的设计之中，最终诞生了今天我们已熟知的众多高新科技产品。例如，我们通过模仿蝙蝠的超声定位制造出了雷达；通过模仿响尾蛇的感知功能制造出了高精度探热器；通过模仿苍蝇的楫翅制造出来目前已经在飞机、火箭等自动驾驶平台上广泛使用的振动陀螺仪；通过模仿蚯蚓的蠕动爬行方式制造出了隧道挖掘机；通过模仿鲨鱼皮制造出了具有V形皱褶的低阻力奥运游泳衣等。

如今，随着可再生能源技术的不断进步，仿生科技在风力发电机和潮流能发电机叶轮叶片的设计方面也有了诸多研究。这些研究工作总结起来，主要集中在叶片结构仿生设计和叶片表面构型特征仿生设计两个方面。

1. 叶片结构仿生设计

事实上，目前在进行潮流能发电机叶轮叶片设计时采用的所有翼型都可以说是仿生科技成果的延续。自古以来，人类就有能够像鸟一样在空中自由飞翔的良好愿望，所以，千百年来人们一直在做着模仿鸟类飞行的各种研究和尝试。在欧洲的文艺复兴时期，伟大的意大利画家达·芬奇就通过观察鸟儿的飞行，画出了扑翼机的设计图。之后，人们又设计了各种扑翼机和滑翔机，并尝试着飞行。但确切地讲，这些尝试的飞行始终没有真正离开过地面。由此可见，鸟类的翅膀在飞行中的作用要远比简单的扑翼飞行复杂。人类飞行的这一长久愿望直到莱特兄弟在1903年12月做出了世界上的第一架飞机时才真正实现。而莱特兄弟史无前例的重大贡献主要是克服长期以来限制人类飞行的三大难题，即机翼、发电机和飞机控制。可见，合理的机翼设计对实现人类飞行多么重要。

实际上，潮流能发电机叶轮叶片结构与鸟类的翅膀既有相似之处，也有很大不同。鸟翼是依据连续性定理和伯努利方程通过扑动来产生升力和阻力的。由于鸟儿翅翼的翼型很薄，当鸟儿在空中飞行时，翅翼上下表面的压力差不大，从而导致通过翅翼根本无法产生足够的提升力来支持鸟儿的空中飞行。为此，鸟儿在飞行时只能通过将身体倾斜，让其翅翼上表面的风速加快、压力减小来在翅翼上下表面产生压差，从而产生使鸟儿能够悬浮在空中的足够提升力。潮流能发电机叶轮叶片在运行过程中产生升力的原理与鸟类在飞行过程在其翅翼产生升力的原理非常相似。生产实践中，我们将沿叶片翼展方向的各个横剖面称为叶片的叶素。当有流体流过每个叶素时，在叶素上便会产生相应的升力和阻力。但与鸟类的翅膀不同的是，潮流能发电机叶轮叶片以及风力发电机的叶片在

尺寸上往往很长。当很长的叶片沿着机组的轮毂旋转时，沿叶片翼展方向的不同叶素位置处，流体和叶片的相对运动速度是不同的。我们知道，对每一种翼型而言，其提升阻尼比决定于其攻角的大小。换句话说，只有当其攻角合适时，该翼型才会获得最大的提升阻尼比。而攻角的大小又决定于流体和叶片的相对运动速度。而在沿叶片翼展方向的不同叶素位置处，流体和叶片的相对运动速度是不同的，所以为确保叶片最佳的捕获能量的效率，在不同叶素位置处叶素本身的倾斜角就得有所不同，从而得到该位置处最佳的攻角。于是，从潮流能发电机叶轮叶片或者风力发电机叶片上我们会观察到一个明显的沿叶片轴向方向的扭转角，而这个扭转角在鸟儿的翅翼上是观察不到的。

2. 叶片表面构型特征仿生设计

为攻克传统叶片设计方法在技术上进一步发展的壁垒，人们在叶片表面构型特征方面也基于仿生学进行了大量的研究。例如，早在2009年，美国宾夕法尼亚州西彻斯特大学就对水上舞者座头鲸鲸鳍的前缘凸起特征进行了研究，发现其鲸鳍的前缘凸起产生的涡流可以有效降低鲸鱼在游动过程中的阻力，而且还可以有效地延迟失速攻角。基于此发现，美国的企业甚至开发出了具有前缘锯齿的商业叶片。

为了进一步验证前缘仿生凸起设计对叶片减阻、增效的积极作用，英国纽卡斯尔大学在实验室制作了具有前缘锯齿特征的潮流能发电机叶片模型，并对其进行了测试试验，结果如图3-10所示。

在纽卡斯尔大学的研究工作中，为方便比较一共考虑了三种类型的潮流能发电机叶片，其中一种是不具有任何仿生特征的传统普通叶片，另外两种是具有不同前缘锯齿特征的仿生叶片，如图3-10a所示。从图3-10b、c所示的实验室测试结果中不难看出，在叶片采用了前缘仿生特征后，在大部分工作转速范围内叶片的提升阻尼比和功率系数都出现了不同程度的改善。而且，当将不同的前缘仿生特征施加到叶片上时，所得到的改善效果也会不同。但最佳的前缘仿生特征设计并无统一的结论，因为前缘仿生特征的效果和积极作用除受其尺寸设计影响外，还会受到潮流能发电机叶轮的具体工作参数，以及所处水域的潮流流速情况的影响。

此外，如前所述，由于鸟类的翅翼的翼型较薄，翅翼上下表面的压力差无法产生足够的提升力来支持鸟儿的空中飞行。为此，鸟儿在飞行时只能通过将身体倾斜，让其翅翼上表面的风速加快、压力减小来在翅翼上下表面产生压差，从而产生使鸟儿能够悬浮在空中的足够提升力。但当鸟儿的身体倾斜度过大时，在其翅翼的后缘便会产生大量的湍流，如图3-11所示。

从图3-11a可以看到，即使鸟儿以正常飞行体位飞行，在其翅翼的后缘也会产生湍流。在理论上，这些湍流的出现不仅会提高鸟儿的飞行阻力，而且还会产生较大的湍流噪声，影响鸟儿捕猎。但通过观察大自然，我们不难发现苍鹰等鸟类在飞行过程中非常

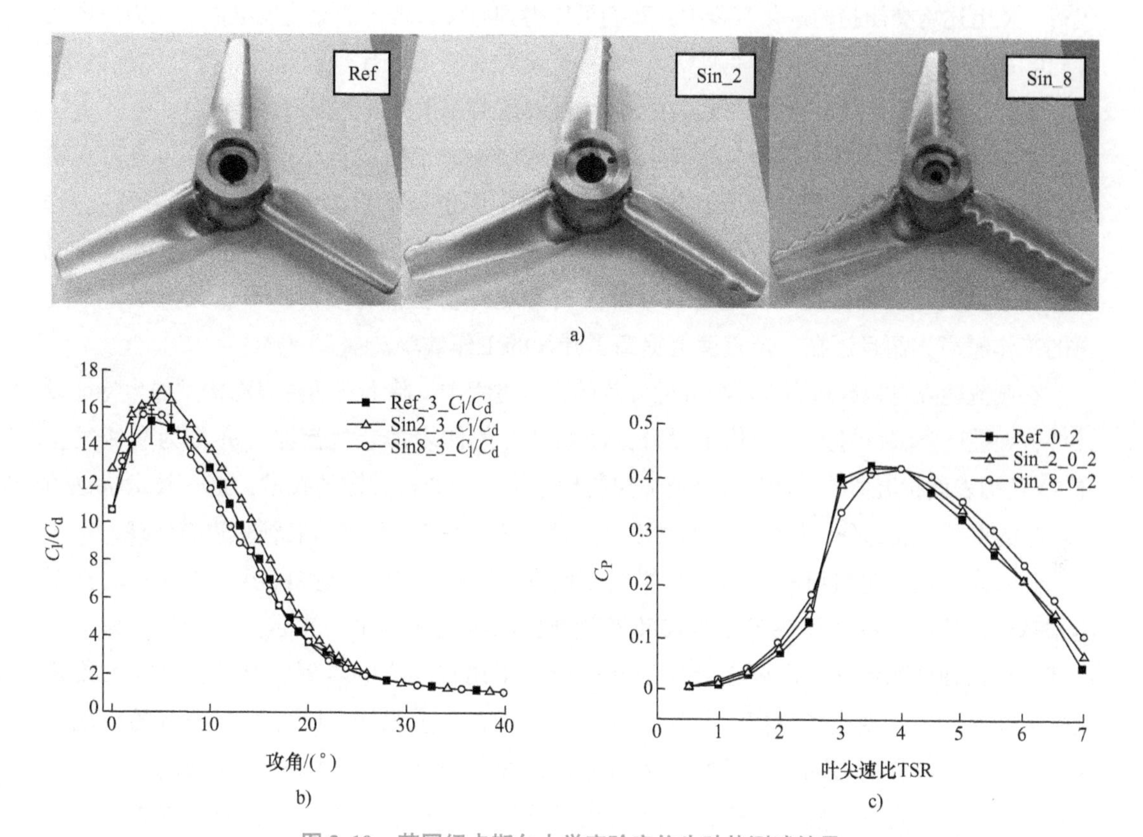

图 3-10　英国纽卡斯尔大学实验室仿生叶片测试结果

a）潮流能发电机叶片模型　b）提升阻尼比测试结果　c）功率系数测试结果

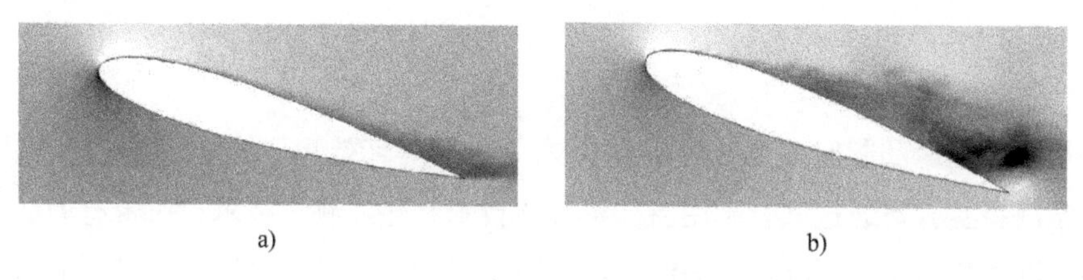

图 3-11　鸟类在不同体位时的翅翼后缘湍流

a）正常飞行状态　b）身体过于倾斜状态

安静，几乎不会发出任何声音。这得益于这些鸟类在长期适应生存环境的过程中逐渐形成的独特的体表特征。研究表明，鸟类翅膀后缘和羽毛尾端独特的锯齿形态可对其身体后方的涡流产生显著的影响。

具体讲，鸟类翅膀后缘和羽毛尾端独特的锯齿形态不仅可以延缓在鸟类翅膀后缘涡流的形成，而且还可将已经形成的涡流进行分割、离散成更小的涡流，从而获得涡量黏性耗散，减小由尾流涡引起的流体噪声。众所周知，振动和噪声本身就代表着能量的耗散。若鸟类翅膀后缘的尾流噪声减小了，也就代表着鸟类飞行的能量损耗减小了，故鸟类可以更加有效地飞行。从上述鸟类翅膀的进化实践中，我们可以得到启发，若在潮流能发电机或风力发电机叶轮叶片的后缘上加装锯齿形“羽翼”，非常有可能对降低叶片噪声、提高叶片捕能效率，但迄今为止，该设计处于研发阶段，在实际中的具体应用效果尚无报道。

国内学者，以吉林大学研究团队为代表，利用逆向工程的科学研究手段，通过观察鸟类的翅翼和鲸鱼的鱼鳍，在叶片仿生构型设计方面也做了很多深入、细致的研究。这些研究工作的成果虽然未直接用于潮流能发电机叶轮叶片的设计，但通过将这些研究成果应用于风机等设备可发现，通过对叶片的构型进行仿生优化设计，不仅大大减小了叶轮的工作噪声，而且还在一定程度上提高了叶片的工作效率。

在潮流能发电机或风力发电机叶轮叶片的设计过程中，除上述两种表面构型仿生特征设计外，人们还尝试过另外一种仿生设计，即在叶片的体表加装扰流器（亦称为涡流发生器)。结构表面扰流器的设计是被动流体控制理论中一个非常关键的技术，这一技术也是仿生科技的重要组成部分。从仿生学的角度讲，这一技术在座头鲸体表特征上也有体现。

随着潮流能发电机组和风力发电机组不断向大型化发展，这些机组叶轮叶片的长度越来越长，从而导致叶片在工作时在叶根部产生的机械转矩也越来越大。于是，为了满足叶片结构强度的要求就需要在叶片的叶根部采用比较厚实的翼型。但厚翼型在大攻角条件下非常容易出现流体分离，并在叶片的后缘位置形成涡流。叶片后缘涡流的出现不仅会造成叶片结构的振动，降低叶片的可靠性，而且还会大大影响叶片的捕能效率和功率输出。而在接近叶片前缘的表面上加装扰流器就可以有效延缓叶片表面的流体分离现象，减小流体的流动分离区域，尤其是在流体和叶片的相对流动速度较高时，加装扰流器后对叶片表面压力分布的改善效果更加明显。

3.4.4 叶片前缘凸起效果测试

为了解叶片前缘凸起对控制叶片表面流体分离的实际效果，2015 年前后，英国伦敦的帝国理工学院在实验室通过联合利用流体可视化技术和热线测量技术，对带有前缘凸起的叶片在不同的叶片攻角条件下叶片表面的流体流态及压力分布情况进行了一系列的研究。

在研究过程中，他们首先利用染料流动可视化技术分别对传统叶片和带前缘凸起的叶片在不同攻角条件下染料在叶片表面的涡动和分离情况进行了观察。发现流体分离会首先在凸起波峰之间的波谷区域出现，而且在前、后缘的过渡区域还可以比较清楚地观察到成对出现的、旋转方向相反的涡流。这些涡流对在叶片大攻角条件下，可以有效地延缓流体分离的出现。即在相同的攻角条件下，即使当攻角为 0°时，在传统叶片的后缘也可以看到明显的流体分离现象，而采用了前缘凸起仿生设计后，即使在攻角增大后，在叶片的后缘仍然有流体附着在叶片表面。延缓流体从叶片表面分离无疑对在大攻角条件，甚至在叶片失速条件下保持叶片的提升力，抑制叶片阻力的增加大有好处。

叶片表面流体的分离决定于表面流体的边界层。边界层是叶片表面一层非常薄的薄层，它紧靠在叶片表面。边界层内，流体沿叶片表面法线方向存在着很大的速度梯度。距离叶片表面越近，速度越小；距离叶片表面越远，速度越大。黏性应力对边界层流体来说是阻力，所以当边界层流体沿叶片表面向后流动时，边界层流体的速度会逐渐减小。当流体流动的前进空间突然变大时，流体速度会进一步减小。当整个边界层内的流体的动能不足以维持其向前流动时，在叶片表面某处就会产生逆流，从而造成边界层突然变厚或分离。为了解具有前缘凸起仿生叶片表面边界层的变化情况，帝国理工学院研究团队在风洞实验室利用直径为5μm、长度为1.5mm的热线传感器对具有前缘凸起叶片表面的流体边界层进行了测量。测量一共分两组，第一组是测量边界层沿叶片叶素流线方向的分布情况，另外一组是测量边界层沿叶片翼展方向的分布情况。两种情况下的测点的位置如图3-12所示。

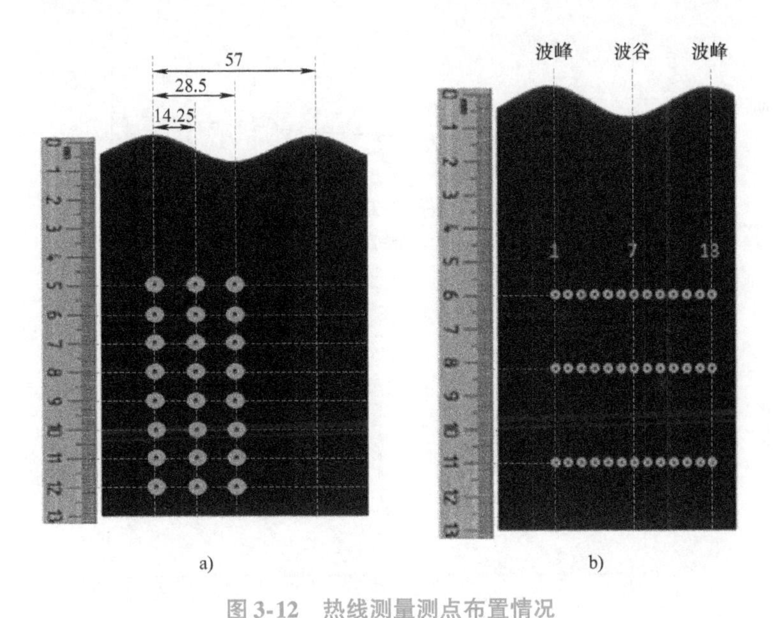

图3-12　热线测量测点布置情况

a）沿叶素流线方向的测点布置　b）沿叶片翼展方向的测点布置

从图3-12可见，在第一组测量时，布置了8行3列共24个测点。第一列的8个热线传感器位于前缘凸起波峰的正后方，第二列的8个热线传感器位于前缘凸起的波峰和波谷的毗邻区正后方，第三列的8个热线传感器位于前缘凸起波谷的正后方。在第二组测量时，布置了3行13列共39个测点。每一行的13个热线传感器都均匀分布在两个相邻的前缘凸起波峰之间。第一组得到的边界层内流体速度分布轮廓测量结果如图3-13所示。

由于在边界层内流体的速度沿叶片表面的法线方向是从零开始不断增大的，直到在某一位置处边界层流体的速度完全达到远场势流的速度U_∞。但是，我们需要清楚的是边界层与远场势流之间并没有一个在物理上真正存在的分界面。于是，在实践中，为了方便起见，我们通常把边界层流体速度升高到99%的远场势流速度的那个界面作为判断边

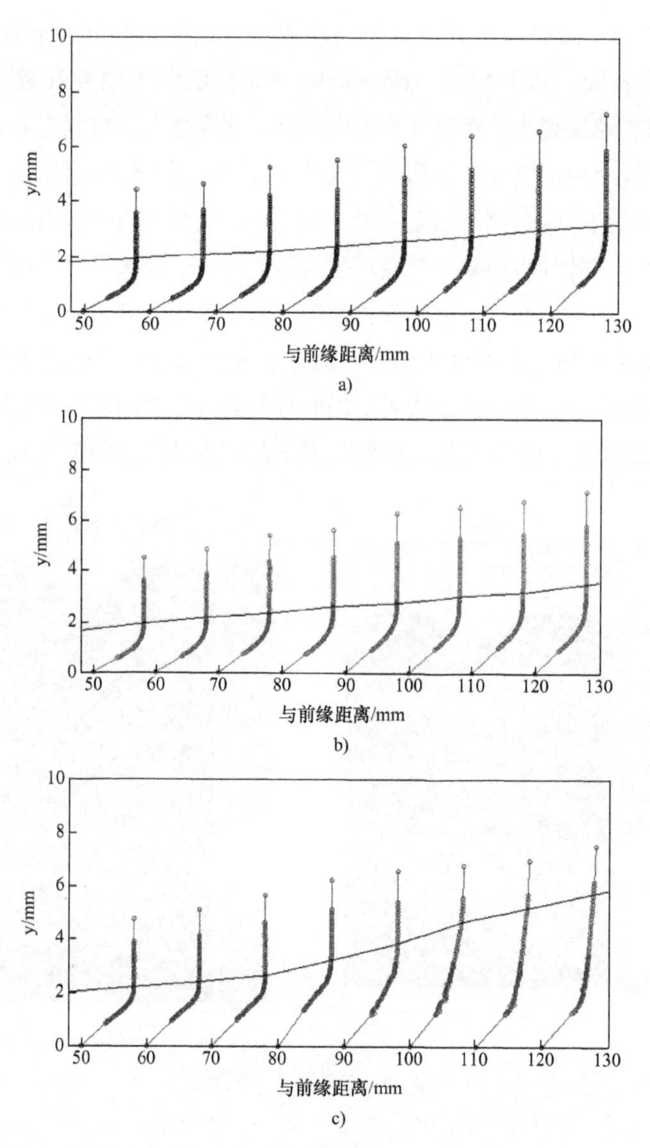

图 3-13　边界层内流体速度分布轮廓沿叶片叶素流线方向的测量结果

a）前缘凸起波峰列传感器测量结果　b）前缘凸起波峰与波谷毗邻区列传感器测量结果

c）前缘凸起波谷列传感器测量结果

界层的界面。那么，从这个界面到叶片表面的距离就被称作为边界层的厚度。在图 3-13 三个分图中的曲线就是将各位置处边界层流体速度达到 $0.99U_{\infty}$ 的点连接后得到的，于是，这三条曲线便表示在各列中边界层厚度沿叶片叶素流线方向的变化情况。观察图 3-13 不难看出，边界层厚度是沿叶片叶素的流线方向变得越来越厚。而且，通过比较三个分图所示的测量结果可以发现，在前缘凸起波峰的正后方区域，边界层厚度的增长速度最慢，在波峰与波谷的后方区域，边界层厚度的增长速度开始加快，在前缘凸起波谷的正后方区域，边界层厚度的增长速度最快，并在接近叶片后缘区域出现了边界层厚度的非线性增长趋势，预示着涡流的产生或出现。为了更好地展示在三个特殊区域边界层厚度增长沿叶片叶素流线方向的变化规律，我们将这三条曲线单独提取出来，提取结果如图 3-14 所示。

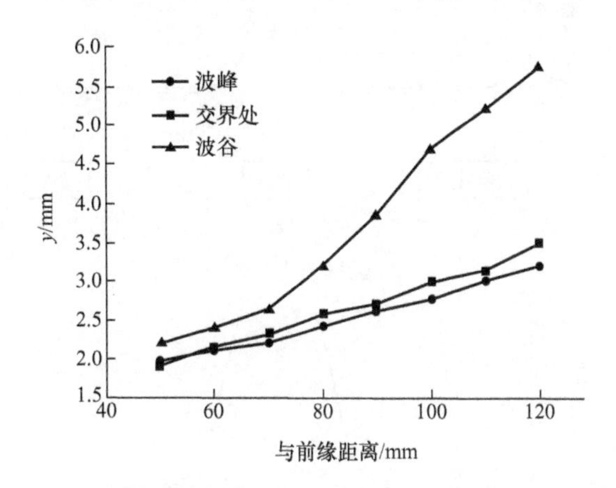

图 3-14 边界层厚度增长沿叶片叶素流线方向的变化规律

显然在图 3-14 中，在前缘凸起波谷正后方区域边界层厚度的非线性增长现象可明显地观察出来。为了更好地反映边界层流速变化与涡流的相关关系，在对第二组得到的边界层内流体速度分布轮廓测量结果进行分析时，他们采用了一种更为直观的分析指标，即湍流强度。理论上，流体湍流强度计算式为

$$TI=\frac{\sqrt{\frac{1}{3}(\overline{u}'^2+\overline{v}'^2+\overline{w}'^2)}}{U_\infty}\times 100\%=\frac{u_{\mathrm{rms}}}{U_\infty}\times 100\% \tag{3-14}$$

式中，$\overline{u}'$、$\overline{v}'$和$\overline{w}'$分别代表着边界层内流体速度在叶片叶素流线方向、叶片表面法线方向和叶片翼展方向分量的波动；u_{rms}为边界层内流体速度波动的方均根；U_∞为远场势流的速度。

但在热线检测过程中，热线传感器只能测量到边界层内流体在叶片叶素流线方向速度的波动情况。故在湍流强度的实际计算过程中，u_{rms}只能通过下面的公式进行估计，即

$$u_{\mathrm{rms}}=\sqrt{\frac{\sum_{i=1}^{N}(u_i'-\overline{u}')^2}{N}} \tag{3-15}$$

式中，$u_i'(i=1,2,\cdots,N)$ 代表热线传感器测量到的流体速度数据；$\overline{u}'$为热线传感器测量数据的平均值；N为测量数据的长度。

根据式(3-15)，对第二组得到的热线传感器测量数据进行计算，计算结果如图 3-15 所示。

观察图 3-15 发现，沿叶片翼展方向边界层流体的流态的确出现了一个规律性的从层流到紊流的变化，即在前缘凸起波峰的正后方区域边界层流体为层流，而在前缘凸起波谷的正后方区域边界层流体为紊流，在波峰与波谷毗邻区正后方区域边界层流体的流态为从层流向

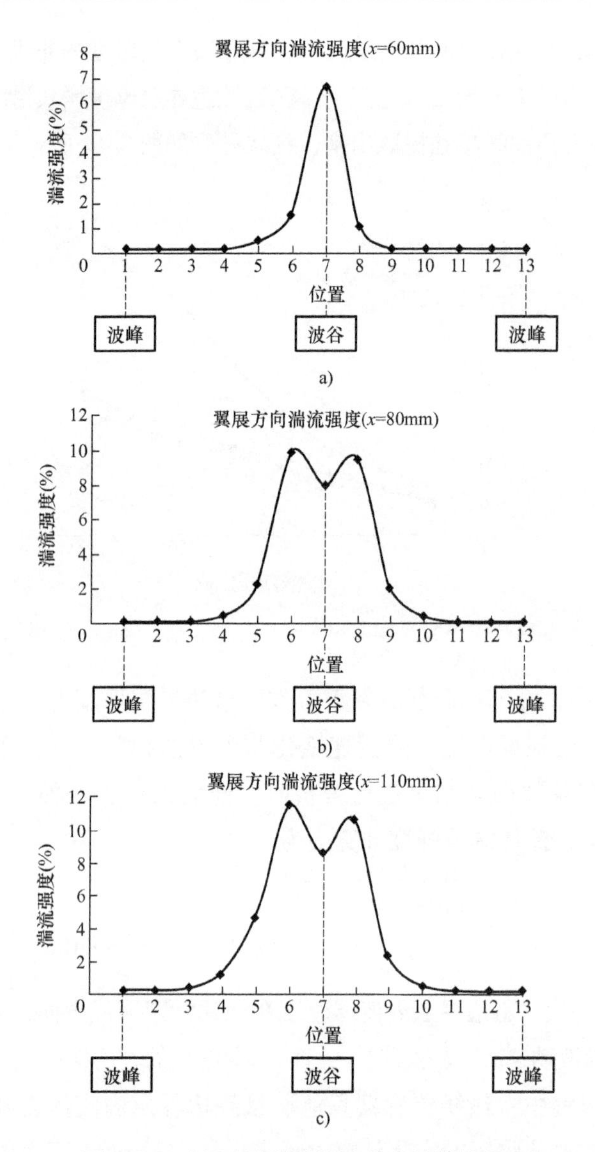

图 3-15 叶片表面湍流强度分布计算结果

a）第一行热线传感器测量数据计算结果 b）第二行热线传感器测量数据计算结果

c）第三行热线传感器测量数据计算结果

紊流发展的过渡态。比较图 3-15 中的三个分图可进一步发现，越靠近叶片的后缘，前缘凸起波谷正后方的湍流强度越高，边界层流体的流态也越不稳定，所以也更加容易出现分离现象。

总之，从上述测试数据来看，叶片前缘凸起对叶片表面流体的流态确实有非常显著的影响，即叶片表面边界层的厚度分布在凸起波峰的正后方区域、凸起波谷的正后方区域以及在波峰与波谷的毗邻区，截然不同。在凸起波峰的正后方区域和波峰与波谷的毗邻区域，边界层厚度沿叶片叶素流线方向的增长几乎呈线性变化趋势，而在前缘凸起波谷的正后方区域叶片表面边界层厚度沿叶片叶素流线方向的增长呈非线性变化趋势。沿

叶片翼展方向，边界层流体会随着凸起波峰和波谷的周期性出现而产生有规律的从层流过渡到紊流再过渡到层流的反复变换。

3.4.5　潮流能发电机叶轮叶片表面仿生设计

在叶片表面仿生特征设计方面国内也已经做了很多的研究。例如，吉林大学研究团队提出了很多叶片表面仿生设计特征，并制作了许多成品模型。这些研究都充分证明在叶片表面加装了仿生特征设计后，不仅能够帮助叶片减阻增效，而且在降噪、防磨损和防空化腐蚀方面都有积极的影响。在此部分，受篇幅所限，我们仅以英国纽卡斯尔大学在潮流能发电机仿生叶片研究方面的一些工作为例来做一简述。

受飞机机翼和风力发电机叶片表面扰流器工作原理启发，英国纽卡斯尔大学研究团队为提高潮流能发电机的工作效率，实现其大型化，在考虑了潮流能发电机叶轮叶片特殊的工作环境后，尝试在潮流能发电机叶轮叶片表面加装仿生特征，以研究其效果。但与在飞机机翼和风力发电机叶片表面加装的扰流器设计不同的是，在纽卡斯尔大学的工作中，研究团队受甲虫和圆鳍鱼体表的半球形凸起具有减黏降阻作用的启发，在潮流能发电机叶片表面加装的是半球形凸起，如图 3-16 所示。另外，国内吉林大学的研究也表明，这种半球形凸起对叶片在流体中的旋转也具有非常好的防磨损保护作用。

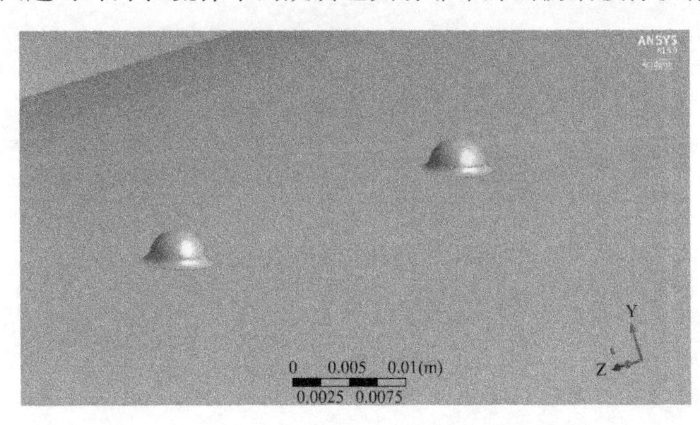

图 3-16　潮流能发电机叶轮叶片表面仿生特征

纽卡斯尔大学研究团队在此工作中主要调查的是半球形凸起在叶片表面部署的位置和数量对叶片工作效率的影响。在他们的研究工作中，主要考虑了四种半球形凸起在叶片表面的部署情形，如图 3-17 所示。这四种情形分别是：

情形一：在叶片叶尖区域靠近叶片前缘的位置部署 26 个半球形凸起。

情形二：在叶片主要受力区（即叶片沿翼展方向 1/3 到 2/3 长度之间）靠近叶片前缘的位置部署 93 个半球形凸起。

情形三：在叶片主要受力区及叶片叶素的正中间位置部署 26 个半球形凸起。

情形四：在叶片叶尖区域靠近叶片后缘的位置部署 26 个半球形凸起。

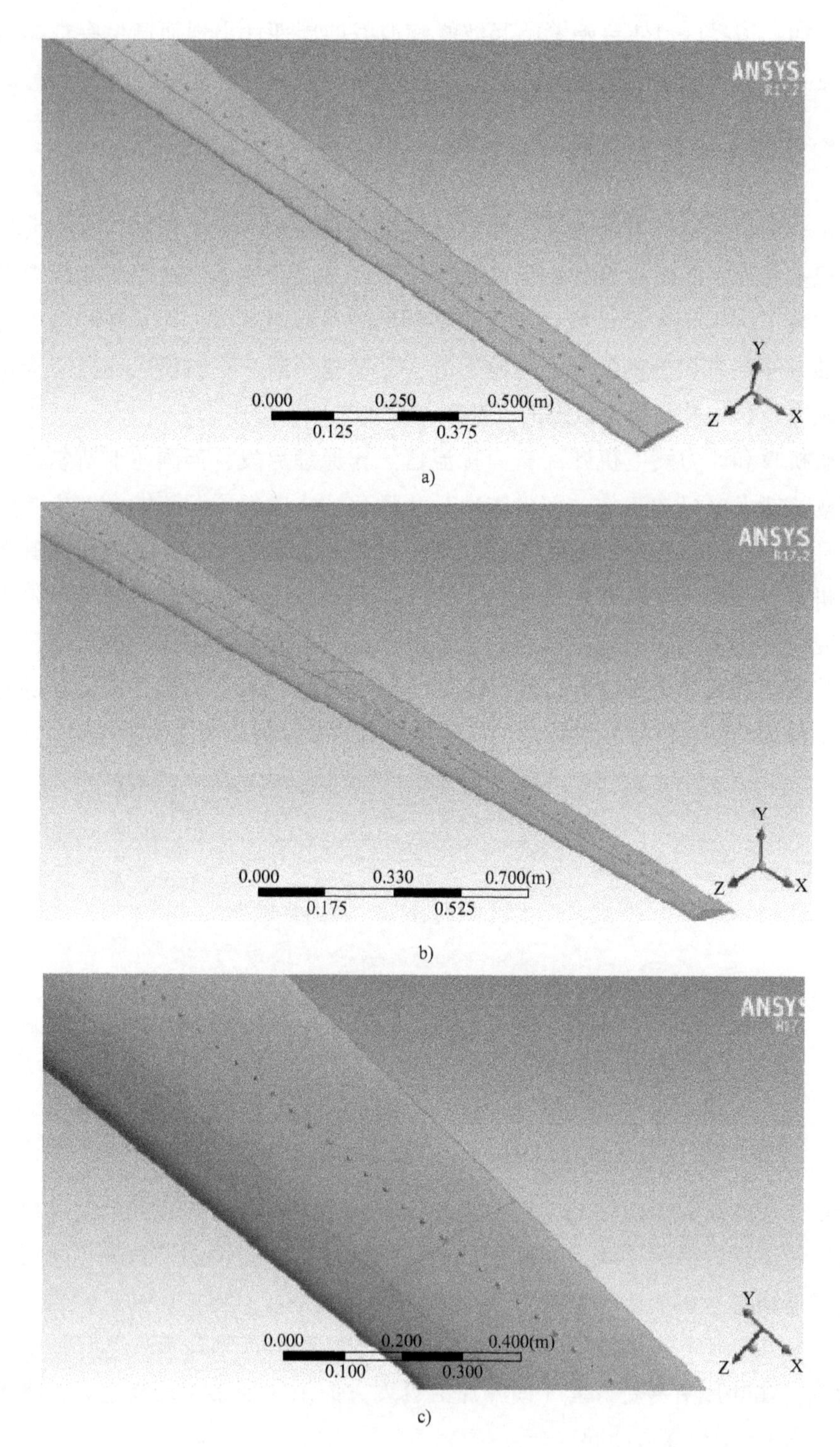

图 3-17　半球形凸起在叶片表面的部署情形

a）情形一　b）情形二　c）情形三

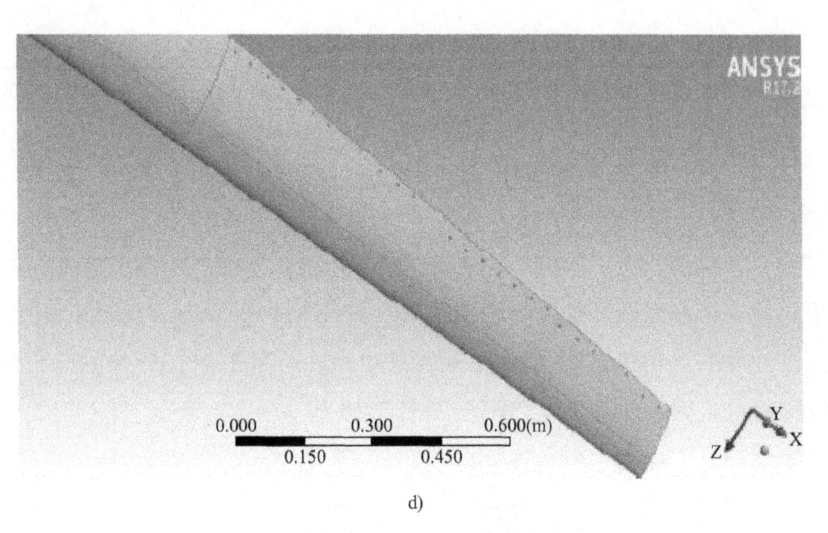

d)

图 3-17　半球形凸起在叶片表面的部署情形（续）

d）情形四

在叶片建模的过程中，他们采用的是美国国家可再生能源实验室的 S 系列翼型。在叶根区域他们采用的是 S818 翼型，在叶片主要受力区他们采用的是 S825 翼型，在叶片的叶尖部分他们采用的是 S826 翼型。叶片的具体设计参数见表 3-1。表中“r/R”和“c/R”分别代表每个叶片叶素翼型正则化后的前缘半径尺寸和弦长尺寸。在研究过程中，为方便建模起见，叶片表面所有半球形凸起的直径均统一设置为 5mm。

表 3-1　叶片设计参数表

叶片叶素	r/R	扭转角（°）	c/R	翼展/m	弦长/m	翼型类型
1	0.075	42	0.0614	0.525	0.4298	S818
2	0.125	32	0.06826	0.875	0.47782	
3	0.175	23	0.07452	1.225	0.52164	
4	0.225	15	0.07782	1.575	0.54474	
5	0.275	11.5	0.07543	1.925	0.52801	
6	0.325	8.2	0.07188	2.275	0.50316	
7	0.375	7	0.06832	2.625	0.47824	
8	0.425	6	0.06479	2.975	0.45353	
9	0.475	5	0.06126	3.325	0.42882	S825
10	0.525	4.15	0.05771	3.675	0.40397	
11	0.575	4	0.05415	4.025	0.37905	
12	0.625	3.85	0.05062	4.375	0.35434	
13	0.675	3.25	0.04707	4.725	0.32949	
14	0.725	2.75	0.0436	5.075	0.3052	
15	0.775	1.25	0.04024	5.425	0.28168	
16	0.825	0.75	0.03704	5.775	0.25928	

（续）

叶片叶素	r/R	扭转角（°）	c/R	翼展/m	弦长/m	翼型类型
17	0.875	0.85	0.03385	6.125	0.23695	S826
18	0.925	0.55	0.03066	6.475	0.21462	
19	0.975	0.05	0.02747	6.825	0.19229	
20	1	0	0.02424	7.000	0.16968	

基于采用这些参数而设计的叶片数值模型，纽卡斯尔大学研究团队利用 ANSYS 对各种表面仿生设计情形下当潮流速度为 3.2m/s，叶片攻角为 0°时，叶片的升阻比及叶片产生的机械转矩进行了模拟计算。计算结果如图 3-18 所示。

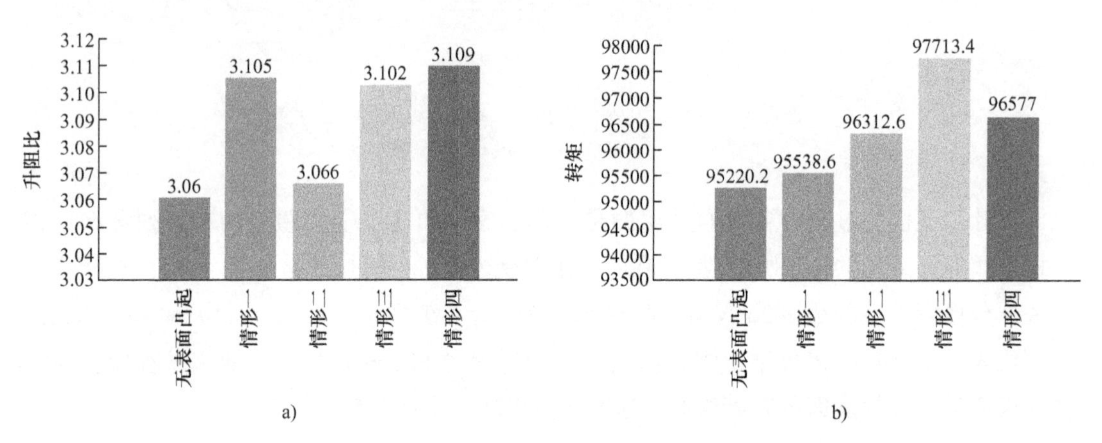

图 3-18　仿生叶片在不同表面仿生特征情形下的模拟计算结果

a）叶片升阻比　b）叶片机械转矩

由图 3-19 发现，在潮流能发电机叶轮叶片表面加装半球形仿生特征后，无论在何种设计情形下，叶片的升阻比和叶片产生的机械转矩均得到了不同程度的提高。通过简单计算不难发现，在各仿生设计情形下与原叶片相比，叶片的升阻比提高了 0.2% ~1.6%，叶片机械转矩提高了 0.3% ~2.6%。为了进一步调查叶片表面仿生特征设计在叶片不同工作模式下的效果，纽卡斯尔大学研究团队研究了在叶片不同攻角和不同潮流速度情形下，情形一仿生叶片的升阻比研究结果如图 3-19 所示。

从图 3-19a 发现，当叶片攻角从 -5°变化到 15°时，情形一仿生叶片与传统叶片相比，升阻比均得到了不同程度的提高。从图 3-19b 发现，情形一仿生叶片在不同潮流速度下也较传统叶片表现出来的性能优异。尤其当潮流速度较低时，仿生叶片在升阻比方面的优异性能表现得更为突出。由此可以得到结论，无论什么样的叶片表面仿生特征的排列方式、叶片攻角和潮流速度，与传统叶片相比，表面带有仿生凸起特征的仿生叶片在工作效率方面显示出了更加优越的特性。这些研究为进一步提高潮流能发电机叶轮叶片的能量捕获效率提供了非常宝贵的技术途径。

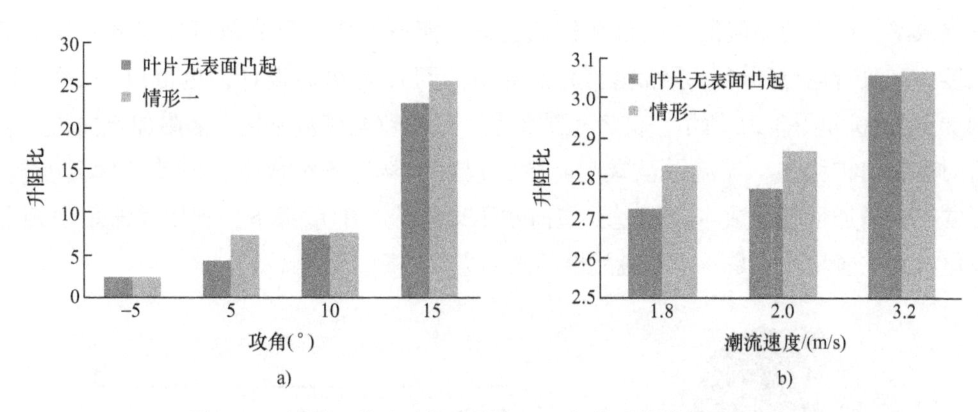

图 3-19 情形一仿生叶片在更多工况条件下的模拟计算结果

a）不同攻角条件下得到的计算结果 b）不同潮流速度条件下得到的计算结果

3.5 其他获能设计形式

叶轮形式的设计被认为是最好的潮流能获能装置，其中又以水平轴形式的叶轮应用最为广泛。不过在潮流能领域的研究中，垂直轴式的叶轮和非叶轮形式的潮流能获取设备（例如震荡式获能装置和导流式获能装置等）也得到了一定的关注。本部分将对这几种提取设备进行简述。

3.5.1 垂直轴式叶轮

区别于水平轴叶轮，垂直轴式叶轮主轴垂直于来流方向，可采用立轴与横轴两种方式安装。它的优点是：①获能与流向无关，无须偏航机构；②叶片结构简单，易加工，成本低；③发电和增速系统可置于水面以上，降低水密要求；④工作速比较低，不易空化，噪声小。

但垂直轴式叶轮也存在叶轮结构不紧凑、效率略低，自启动能力弱，水动力荷载交变、尾流场复杂，功率平稳性差等问题。为了改善固定角垂直轴叶轮的水动力性能，我们发展了螺旋叶片和可变角技术。

加拿大新能源公司（New Energy Corporation）所设计的 EnCurrent 垂直轴潮流能发电系统，便是由四个固定攻角叶片组成的垂直轴叶轮。此潮流能发电系统采用的是双体船形式漂浮结构，该系统的 5kW 和 25kW 机型已经在加拿大有多个成功应用案例。

3.5.2 导流罩式获能装置

导流罩式获能装置是将叶轮置入导流罩内部运行，这样可以通过增加流体速度来提高发电效率，可以使潮流能发电机在较低流速的海域工作；导流罩可以降低叶轮流场的大尺度涡，改善运行环境，系统更平稳。导流罩可以是单向设计，也可以是双向设计，分别如图 3-20 和图 3-21 所示。前者呈扩张型，适应双向潮流特性，需附加换向机构；后者呈对称收缩扩张型。导流罩虽减小叶轮的尺度、降低机组成本，但其结构尺寸较大、外形复杂，增加了制造成本。因此，如何在不增加成本的前提下，利用导流罩实现潮流能发电机的扩容增效，是一个有挑战性的水动力学问题。

图 3-20　扩张型导流罩

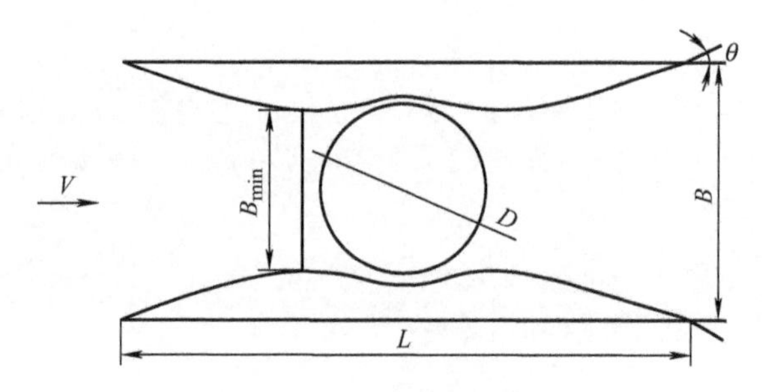

图 3-21　双向导流罩

第 4 章 潮流能发电装置基础形式

4.1 潮流能发电机基础简介

潮流能发电机的基础亦称为支撑结构，用于支撑其上部发电装置，可分为固定式和非固定式两大类。其中，固定式主要为重力坐底式和桩柱式，非固定式主要为漂浮式和半潜式。常见的支撑结构各种支撑结构各有其特点，也各有其适用的条件和场合，因此在对潮流能发电机的支撑结构进行设计时，需要对不同形式的支撑结构的特点进行分析，然后考虑具体的环境条件和经济性要求，最后选择最合适的支撑结构方案。

潮流能发电机的支撑结构亦可以大致分为漂浮式、坐底式、桩柱式以及半潜式等。其中桩柱式支撑结构的固定方式相对可靠，机构可设计成可升降式，以便于机组设备维护；坐底式的固定方式也相对稳定可靠，支撑结构对海面航行影响小，但需要考虑近海底的流速衰减情况；漂浮式的固定方式多采用锚泊或系泊方式，常用于深水条件复杂的地形，机组可有效地利用海洋近表层的高流速水流资源，但机组整体结构受风浪影响较大；半潜式则全部浸没在水下，机组不伸出水面，受风浪影响小，但其水下稳定性较差。

不同的潮流能支撑载体对应不同的安装固定形式：桩柱式载体一般用桩基础；坐底式载体一般用重力基础；漂浮式载体一般采用系泊；半潜式载体也多用系泊方式。对于不同的海洋环境等条件，要从实际出发选用合适的支撑结构形式和固定方式。

支撑结构的选择需要考虑多种因素，这些因素主要有：

1）海水深度。水深制约着电站叶轮的高度，因此在潮流能发电机支撑结构选型时，水深是一个重要因素。

2）海区土体条件和海岸环境条件。海区土体条件和海岸的环境条件等会影响支撑结构的施工难度，海底土体条件方面的泥沙冲刷也是影响支撑结构选择的重要因素。

3）海面风浪。海面风浪影响潮流电站所受荷载的大小和频率，漂浮式潮流电站的稳定性受风浪影响较大。

除此之外，恶劣的水质条件会加剧潮流能发电机腐蚀，进而影响寿命。因此水质也是进行支撑结构形式选择时需要考虑的因素。

■4.2　潮流能发电机基础分类

目前，潮流能水轮机的基础装置按照适用水深可大致分为重力坐底式、桩柱式以及漂浮式，其中，桩柱式主要为单桩和导管架两种形式。上述结构的适用水深依次递增，如图 4-1 所示。

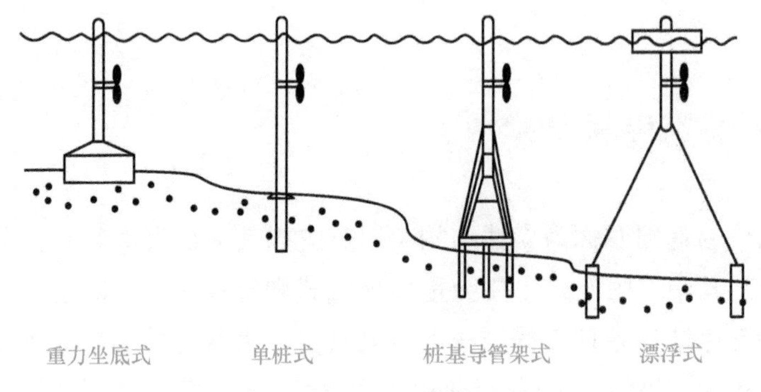

图 4-1　四种不同基础形式

重力坐底式结构一般可分为两部分，一是沉箱，二是支撑构件。沉箱可选用混凝土和金属制成，并依靠重力放置在海底，沉箱与海底地壳之间没有或仅有小型固定装置。支撑构件用于连接沉箱与水轮机机身。Atlantis AK1000 型潮流能水轮机就采用了重力坐底式结构。

重力式基础通过其自身的重力抵抗倾覆荷载，这类基础通常用于难以在下层海床中安装桩的地方，例如坚硬的岩石壁或相对浅水域的坚硬海床。当环境负荷相对较低，并且静载较大，或者当以合理的成本提供额外的压载时，重力式基础的经济效益较高。重力式基础的优势在于结构简单，安装方便，离岸工作较少，无须打桩，对环境的影响较小。但是在大多数情况下，使用重力式基础在安装前需要对海床表层进行地基处理。此外，重力式基础在使用的过程中需要考虑冲刷对基础结构稳定性的影响等问题。

单桩式结构最为简单，在浅海区域应用广泛。单桩式的主体结构在安装时需要依靠外力压入海床土体中一定深度，以保证结构的稳定性。例如 2MW 的 SeaGen－S 水平轴潮流能水轮机，就是采用了这一结构。

单桩基础是一种外形简单的潮流能发电装置基础，通常由两个部分组成：过渡接头部分和桩基础部分，过渡接头部分的顶部连接到水轮机塔筒，过渡段底部与桩基础相连接，上部潮流能发电装置结构受到的荷载将通过过渡段和桩基础传递到地基土中。单桩基础通常采用大直径钢管桩，由大型冲击锤或振动锤打入海床，或者通过灌浆安装，沉桩后在桩顶固定过渡连接段，然后将潮流能发电装置安装其上。单桩基础结构简单、易于运输和安装，不足之处在于基础对海床的要求较高，而且安装时需要进行打桩。作用在单桩基础上的垂直荷载通过表面摩擦和端阻力传递到土壤中，作用在基础上的横向荷载会使基础产生弯曲变形。因此单桩基础需要足够的刚度以抵抗水平向荷载，从而保证足够的稳定性以维持上部水轮机正常工作。

桩基导管架式可以看作单桩式结构的深水优化版本，支撑原理上与单桩式相同，桩基结构部分需要深埋海底以提供稳固支持。而由于水深较深，使用导管架结构代替单桩主体能够在保证安全强度的前提下有效减小整体结构重量，并控制成本。图 4-2 是一种支持安装两个 300kW 潮流能水轮机的导管架式基础。

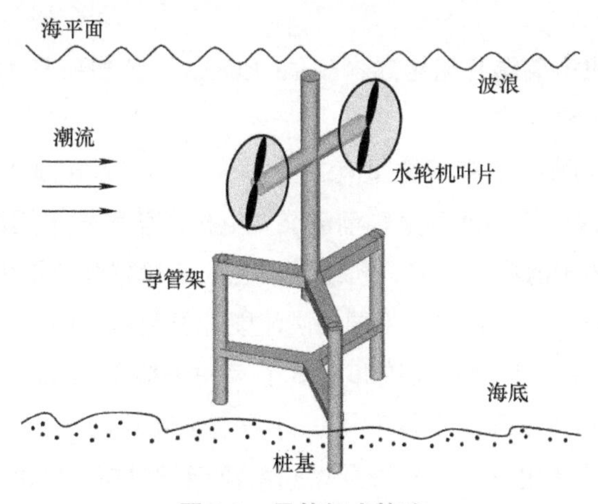

图 4-2　导管架式基础

在导管架基础中，组成基础的桩之间用撑杆相互连接，桩腿在海底处安装有轴套，桩通过轴套插到海底一定深度，导管架基础受到的荷载由打入地基的桩承担，从而使整个结构获得足够的稳定性。导管架基础强度高，底座大，可以提供更大的承载力及抗倾覆能力。导管架结构的空间框架结构允许水流穿过，使得水流对结构的作用减小。但是导管架基础制作时需要大量的钢材，这导致其制造成本较高；在安装时受天气的影响较严重；基础结构复杂，每个接头需经过特殊制造，需要大量工时完成焊接，而连接点会存在应力集中以及腐蚀现象。

漂浮式结构能够适应潮流能水轮机工作的最深海域，它由漂浮部分和锚泊部分组成。漂浮部分以浮箱为主体，依靠浮力漂浮在海面上，下方安装有水轮机机身。漂浮部分依靠缆绳系泊在锚泊装置上，锚泊装置锚定在海底，依靠多根缆绳的张力共同作用将浮箱固定在目标海域。哈尔滨工程大学的“海能Ⅱ”型潮流能水轮机即采用了这一结构，现布放于青岛斋堂岛海域。

■4.3　国内外应用现状

桩柱式支撑结构应用较广泛，常用于水深25m以下的水域，主要包括单桩、多桩和导管架结构，需要进行打桩，其典型的应用为英国MCT公司的SeaFlow和SeaGen发电机。SeaFlow装置装机容量300kW，于2003年建成，其桩柱的一部分插入海底，另一部分伸出到海面以上，而且在海面以上有检修平台。SeaFlow装置的支撑结构采用桩柱式，这与其安装海区的水深条件及海底土体条件相适应，同时也使得后续的叶轮维护、检修更加方便。SeaGen装置装机容量1.2MW，其支撑结构也是采用桩柱式，安装在30m左右水深的海区。

RTT潮流能发电机由英国月亮能源（Lunar Energy）公司所开发，其采用了导流罩结构，支撑结构采用重力坐底式。

意大利PDA公司与那不勒斯费德里克二世大学（University of Naples Federi Ⅱ）合作研发的Kobold装置，属于漂浮式垂直轴潮流能发电机。该装置采用漂浮式支撑载体结构，机组通过锚泊系统系泊于海底，仅允许机组装置在一定位置和范围内轻微移动。

与国外的潮流能开发利用相比，中国的潮流能开发起步较晚，开始于20世纪50年代中期。20世纪70年代末，何世钧建造和测试了第一个输出功率为6.3kW的潮流能发电机。2002年以后，哈尔滨工程大学开发了一种垂直轴叶片的潮流实验电站“万向-Ⅱ”。2008年东北师范大学研制出一种水平轴漂浮式潮流能发电机。2008年，中国海洋大学和中国机械科学总院合作，研制一种5kW柔性叶片潮流能装置，并在山东省胶南市斋堂岛水道测试运行，其支撑结构采用漂浮式。2009年，浙江大学研制了一种水下风车式潮流能发电机，其支撑结构采用坐底式，并成功进行了海试。

总而言之，潮流能水轮机的基础对整个发电设备的安全性至关重要。现有基础形式大多借鉴风电的基础形式，因此，人们仍需要开发针对潮流能发电装置的基础支撑结构及其规范，以满足潮流能特殊需求。

第 5 章　发电机设计

■5.1　传动链设计方案

根据发电机旋转速度的变化规律，潮流能发电机传动链可分为定转速和变转速两种设计方案。

5.1.1　定转速设计

在传动链定转速设计方案中，发电机与电网直接连接，如图 5-1 所示。因此，发电机转子角速度的大小决定于电网的频率、齿轮箱的转速比，以及发电机极对数的多少。传动链定转速设计方案的电器组成结构简单，性能可靠，进行系统维护所需的工作量也小，因此是一种使用起来非常经济的设计方案。在此方案的设计过程中，其首选的发电机形式是笼型感应发电机，但也可以考虑采用电励磁同步发电机来代替。

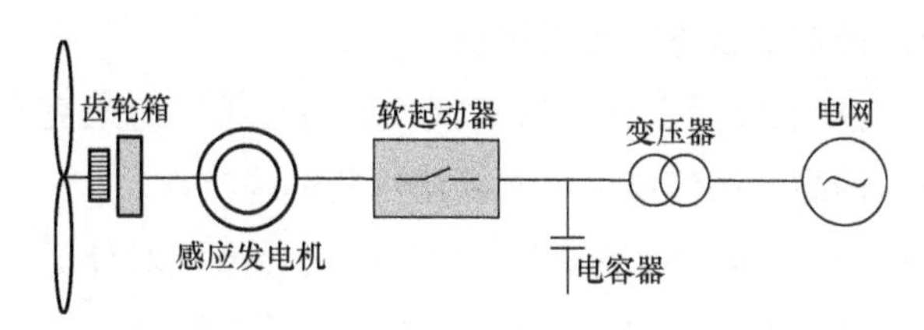

图 5-1　定转速潮流能发电机传动链设计方案示意图

尽管定转速设计方案比变转速设计方案在结构组成方面有一定的优势，但该方案存在如下一些缺点：

（1）能量捕获效率低　潮流能发电机所能捕获的能量通常取决于其转子的转速及海波和潮流条件。在每种海况条件下，潮流能发电机都有一个进行最有效能量捕获的转子旋转速度。在采用定转速设计方案后，潮流能发电机可能在很多时候都无法达到其最佳的能量捕获效率。通常，采用变转速设计方案，其能量捕获效率比定转速方案高

5% ~20%。

（2）机械疲劳应力高　由于在定转速设计方案中，潮流能发电机转子的速度是固定不变的，其结果便是当外部海况发生变化时，其能量波动会直接导致潮流能发电机转子的转矩出现脉动，从而产生较高的机械疲劳应力。

（3）电能质量差　采用定转速设计方案后，当外部海况发生变化时，不仅会导致潮流能发电机传动链的转矩出现脉动，而且还会对从发电机输出的电能质量产生影响，从而影响到电网及其他网接终端设备的安全运行。因此，在采用定转速设计方案后，如果潮流能发电机的转子和整个传动链的惯性较小，从发电机输出的电能质量和功率波动的问题则会非常显著，不可忽视。

（4）需要额外的无功补偿　众所周知，笼型感应发电机在运行过程中会消耗大量的无功功率。因此，当潮流能发电机选用笼型感应发电机作为发电机时，通常需要采用额外的无功补偿元件来对其消耗的无功功率进行补偿，以维持系统的正常运行，从而在一定程度上增加了项目的总成本。

5.1.2　变转速设计

潮流能发电机变转速设计方案的主要特征是发电机通过变流器来和电网相连，而非直接连接。在变流器的帮助下，无论潮流能发电机的转子转速如何变化，其均可向电网输出恒定频率的电能。采用该设计方案的主要好处如下：

1）利用变流器将电网与潮流能发电机成功地隔离开来，大大提高了系统的安全性和可靠性。

2）潮流能发电机的转子速度会随着海况条件的变化而变化，从而保证了其在任何海况条件下均可对潮流所携带能量进行高效捕获。

3）借助潮流能发电机转子及其传动链的惯性，系统可以有效克服潮流所携能量的随机脉动问题，从而极大提高了潮流能发电机输出电能的稳定性。

4）得益于变转速运行，该方案潮流能发电机的机械系统对外部荷载的波动具有更好的顺应性。所以，在设计中对其机械疲劳应力强度的要求相对较低，这对降低系统的机械设计成本大有好处。

5）无论是系统的有功功率，还是系统的无功功率都是可控的。

但是，变转速设计方案增加了变流器设备，这可能会在一定程度上增加系统的硬件成本。目前，由于系统所选用的发电机种类和变流器设备类型的不同，该方案已经派生出很多种不同的设计方案。其中，最为常见的两种是双馈感应发电机设计和全功率变频设计。这两种设计方案采用的变流器均是背靠背四象限全控型变流器，如图 5-2 所示。

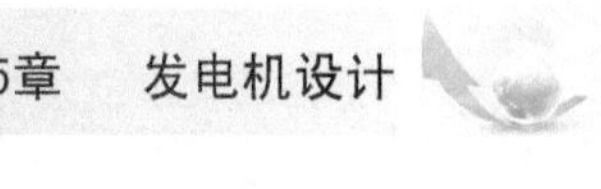

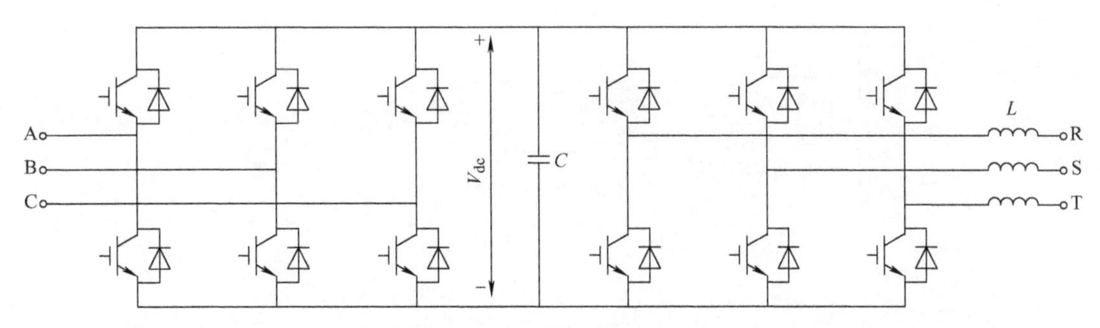

图 5-2　背靠背全控型变流器

如图 5-3 所示，在双馈感应发电机的设计中，转子绕组通过双向功率变流器与电网相连。其中，变流器的功率通常约为潮流能发电机额定功率的 30% ~40%。借助此变流器，双馈感应发电机可在一定程度上实现转子的变转速操作，以及实现系统有功功率和无功功率的控制。但在双馈感应发电机设计中存在着一个最大的缺陷，即其发电机转子与变流器是通过集电环–电刷来连接的，然而在运行过程中，集电环和电刷非常容易出现磨损，这会在一定程度上增加系统的运维成本。尤其是潮流能发电机在运行过程中是完全浸没在海水中的，难以触及，再加上在海上作业过程中可能遭遇的各种困难和挑战的影响，集电环–电刷的运维问题对于潮流能发电机项目而言，至关重要。

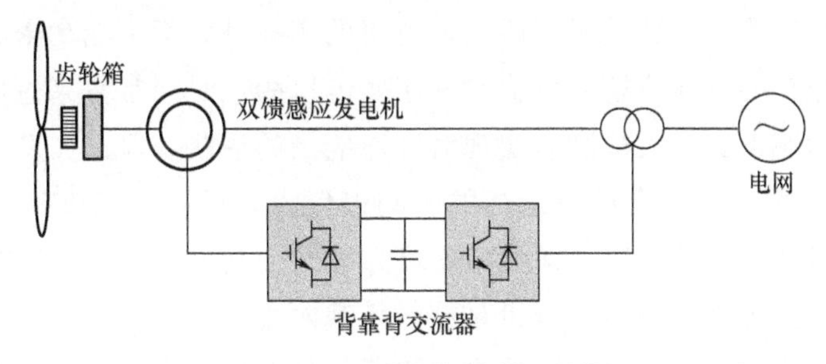

图 5-3　双馈感应发电机设计

图 5-4 所示为全功率变频设计。在此设计中，同步发电机的定子通过全功率双向变流器直接与电网相连。其发电机既可选用永磁同步发电机，也可选用电励磁转子同步电机，或是笼型感应发电机。该设计与双馈感应发电机设计最大的不同便是其不需要使用集电环，从而可大大降低系统的运维成本。采用这种设计后，发电机的输出功率在从 0% ~100% 的整个功率范围内都是完全可以控制的，因此系统可以更好地控制其转子的转速，从而实现其在任何海况条件下的高效捕能和工作过程中的最低机械疲劳应力。除此之外，全功率变频设计还可以非常容易实现对系统有功功率和无功功率的控制。这些优越性对从整体上降低系统的运维成本，提高潮流能发电机生产效率有非常积极的贡献。

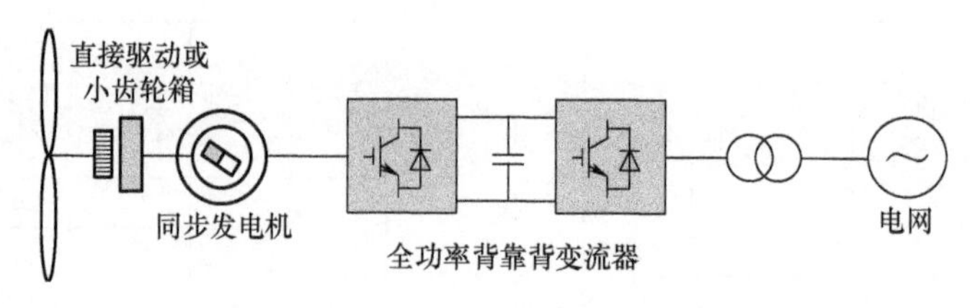

图 5-4　全功率变频设计

5.2　发电机技术

5.2.1　发电机的设计

在对发电机进行设计时，主要考虑的是如何更好地满足潮流能发电机发电性能的需要。换句话说，主要考虑的是所选发电机能够充分满足潮流能发电机在低转速条件下进行变转速运行的需要。在发电机实际选型时，具体需要考虑的因素有很多，其中主要包括发电机系统的最大转速、转矩、转子叶片变桨控制，现场潮流、波浪及湍流情况等。基于这些参数，人们可借助数学的方法来导出发电机系统的负载曲线，从而计算出所需发电机的额定功率。但该计算结果与所选发电机的实际最大额定功率未必相同。这是为了让潮流能发电机在潮流峰值期间可临时利用发电机的热时间常数来过载运行，从而在发电机短期过载状态下，最大限度地实现对潮流能量的捕获。但正如发电机的热时间常数所定义的那样，发电机安全过载运行的时间仅仅为电机绕组温度从当前稳定值上升63.2%所需要的时间，非常短暂。这就意味着为确保发电机安全，潮流能发电机的过载运行时间不可太长。另外，利用发电机系统的负载曲线，还可以估计出发电机系统在全负荷和部分负荷工作状态下整个潮流能发电机系统的工作效率。除此之外，在对发电机进行选型时，还需要考虑到其他一些方面的因素，包括发电机系统部件的运行和维护成本、可靠性、可用性和环保性能等。尤其潮流能发电机在工作时是完全浸泡在海水中的，这对发电机系统的可靠性设计提出了极大的挑战。首先，在设计中必须要考虑到发电机系统的防水保护，或者将发电机设计成可与海水直接接触的类型。其次，由于潮流能发电机在部署后很难再次触及，这对其后续的运维工作也带来了极大的困难。因此，在进行发电机系统设计时，必须充分保证其具有足够高的可靠性，尽量避免故障的发生。但在另一方面，由于海水的温度非常稳定，而且比潮流能发电机各工作部件的工作温度要低得多，所以潮流能发电机的工作环境对系统冷却而言又大有好处。此外，因为潮流能发电机是通过水平轴叶轮转子来从潮流中捕获能量的，在其工作过程中会出现很高的推力荷载，因此，在潮流能发电机系统设计中，一定要充分考虑到其主轴承的承载能力。

5.2.2　现有发电机技术

目前，在风力发电领域已经得到广泛应用的发电机技术有四种，即永磁同步发电机（PMSG），双馈异步发电机（DFIG），笼型异步发电机（SCIG），和电励磁无刷同步发电机（SG）。

考虑到 DFIG 存在潜在的电刷和集电环磨损问题和 SG 存在复杂转子结构的问题，这两种类型的发电机在原则上不建议用于潮流能发电机，因为这些问题的存在可能会大大增加潮流能发电机的运维成本。

在 20 世纪 90 年代，SCIG 在风力发电领域得到广泛应用，但随着发电机技术的快速进步，以及低成本高功率变流器的大量应用，如今 SCIG 在风电领域的应用也正变得越来越少。而在当今的潮流能发电领域，SCIG 的应用仍然相当广泛。其原因，一方面是 SCIG 的转子结构非常简单，因此该类型发电机具有非常高的可靠性；另一方面，多年来 SCIG 一直是在包括海洋工程领域在内的众多工业领域中广泛应用的发电机，其设计技术非常成熟，人们对其可靠性也更加信赖。

PMSG 是一种新近发展起来的发电机技术，目前，这类型发电机在风力发电和潮流能发电领域均有应用。在满负荷或者部分负荷工作条件下，与 SCIG 相比，PMSG 无论是在重量、尺寸，还是在工作效率方面均有明显的优势。但同时，PMSG 的安全应用在不同程度上也受到了其可靠性和投资成本的制约。例如，实践表明 PMSG 在使用过程中会出现腐蚀、磁体开裂、退磁等现象；制作永久磁体原材料的价格在整个 PMSG 制造成本中的占比过高（20% ~30%），而且在国际市场上，制造 PMSG 所需的稀土材料的价格也涨落不定。这些因素对未来 PMSG 在潮流能发电领域的应用造成了一定程度的消极影响。

潮流能发电机无论选用上述哪一种类型的发电机，它们通常都是通过背靠背变流器来连接到电网，从而实现潮流能发电机在整个转速范围内的变转速运行。但由于潮流能发电机转子的额定转速远低于发电机的转速，这就需要通过齿轮箱来进行升速，以达到发电机转子的转速要求。由于齿轮箱在能量传递过程中总会有一定程度的能量耗损发生，无法达到对输入能量的完全传递，因此，在潮流能发电机传动链中引入齿轮箱会不可避免地造成系统能量转换效率的降低。另外，齿轮箱在运行过程中可能会出现故障，从而导致系统长时间停产，并最终带来较大的经济损失。若要避免此类问题的发生，人们就需要对齿轮箱进行定期的保养和维护，以确保其能够长期、高效运行。但高昂的齿轮箱保养和维护费用又会给降低潮流能发电成本的努力带来极大的负担和挑战。于是，为彻底解决此问题，人们在 20 世纪 90 年代提出了直接驱动型传动链的概念，并将其成功应用于风力发电机传动链的设计，于是诞生了直驱型风力机。

直驱系统最大的特色便是在其传动链中不再采用齿轮箱来进行发电机转子的升速操

作，而是通过全功率变流器来把低速旋转的发电机与电网直接连接起来，这样便可以完全克服掉由于使用了齿轮箱而带来的一系列问题。但直驱系统也存在不少缺点。例如，在直驱系统中，由于发电机是低速旋转，其转子转矩将会非常高，从而导致发电机的几何尺寸非常巨大。另外，与此因素相关，和齿轮传动型发电机系统相比，直驱型发电机系统的总体重量相对较高。尽管直驱型风力发电机采用了轮毂发电机后，发电机转子的主轴是通过轮毂发电机的一个环形有源部件和转臂来驱动，这样的设计有助于减轻发电机的重量，但减轻程度有限。于是，直驱型发电机系统的大重量导致其材料、安装、运输等成本会大大增加。另外，众所周知，低转速发电机的工作效率往往低于高转速发电机的工作效率。这一天生缺陷的存在在一定程度上也会消减直驱型潮流能发电机的效率优势。

如果直驱型潮流能发电机选用的是PMSG发电机，因为PMSG结构紧凑且无需励磁便可以进行正常工作，这在一定程度上对减小发电机的重量非常有帮助。目前，尽管PMSG发电机的应用还会受到其重量和成本方面问题的限制，但该类型发电机已经被公认为是直驱型风力发电机设计中最有发展前途的发电机技术之一。尤其在近几年，越来越多的风力发电机制造商开始将PMSG发电机应用于他们的直驱型风力机的产品设计中。所以，有理由相信，将来PMSG发电机在直驱型潮流能发电机中的应用也将会非常广泛。当然，在理论上，其在潮流发电领域的应用也同样会受到重量大、成本高等问题的限制。但这些问题完全可以通过采用一些更加新颖的设计理念来逐步克服。例如人们通过将潮流发电机的转子直接放置在PMSG发电机的中心，以大大减小整个系统的占地空间和重量。

此外，在评价潮流发电机系统设计时，除需考虑上述因素外，还需要充分考虑系统对所处海洋环境的适应性以及可能会涉及的潜水操作、维护等问题。在这些方面，人们对潮流发电机的要求与他们对船用电机的要求基本相似。但不同的是，船会经常返回船坞，其电机也会随之得到定期的保养和维护，而潮流发电机在现场部署后，通常不会再返回到岸上来进行保养和维护。于是，如何采用比较经济的方式来实现潮流发电机的现场保养和维护就必须要在设计之初就考虑周全。例如，人们需要对潮流发电机系统中的每一个部件都进行单独的保养和维护，确保每一部件的可靠运行，尤其要确保每一部件免受海水腐蚀问题的影响，这就需要人们在系统设计之初就做出选择，要么采用防水机舱设计，要么采用机舱密封技术。两种方案具有不同的优缺点，当然会给潮流发电机后续的安全运行带来不同的影响。所以，在潮流发电机的具体设计过程中，对每种方法和措施的选择必须从可用性、可靠性、投资成本及应用风险等众多个角度出发，去进行综合的评估，认真权衡其利弊后才能做出决定。尤其要充分考虑到潮流发电机水密机舱的设计和建造成本，以及由于齿轮箱的轴承润滑油泄漏所可能导致的环境污染问题和密封失效引起的零部件受损的可能性。

5.3 变流器

如前所述，利用变流器来实现潮流能发电机的变转速运行，可以很好地改善潮流能发电系统的工作效能。接下来，我们将进一步介绍在采用 PMSG 发电机和全功率变流器时，如何来实现对潮流能发电机的变转速控制。在此，本节将着重介绍对发电机侧变流器和电网侧逆变器的控制算法。

5.3.1 发电机侧变流器控制

置于发电机侧的变流器主要用来根据事先预设的控制参数来控制发电机的旋转速度(或扭转力矩)。图 5-5 中列出了一些用于变流器控制的基本控制方法。这些方法可大体上分为标量控制和矢量控制两大类型。

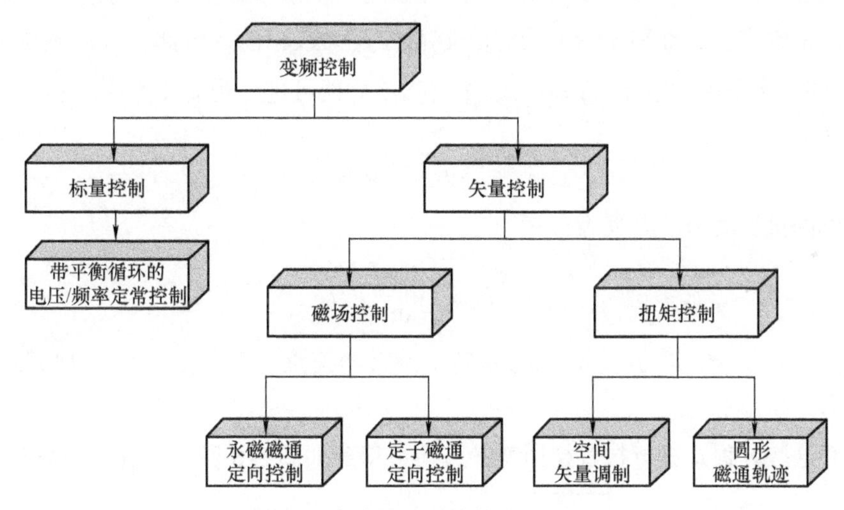

图 5-5 变流器控制的基本控制方法

在标量控制过程中，需要控制的参数仅为电压和电流的幅值和频率。由于该控制方法无法对系统的外部瞬时变化做出响应，因此它们只适用于当潮流能发电机处于稳定工作状态时的控制。

与标量控制不同，矢量控制能控制电压和电流随时间变化的瞬时幅值和频率，以及控制磁通空间矢量的瞬时位置，从而对系统的外部瞬时变化做出有效响应。在所有的矢量控制方法中，使用最普遍的方法一个是基于电流控制、脉冲宽度或空间矢量调制来实现的磁场控制技术，另外一个是转矩控制技术。转矩控制是一种带有转矩和磁通闭环控制的矢量控制技术。实践中，利用 bang- bang 磁滞控制器很容易便可实现转矩的矢量控

制。但这种控制方法也有缺点，例如，它需要借助高频采样来实现，其对导通和截止频率要求较高，且会承受大幅度的转矩脉动等。

1. PMSG 发电机数学模型

PMSG 发电机的数学模型可以通过功率守恒定律来得到。假设 q 轴与磁通同步，则

$$V_{1d}=R_s i_{1d}+L_d\frac{\mathrm{d}i_{1d}}{\mathrm{d}t}-L_q\overline{\omega}i_{1q} \tag{5-1}$$

$$V_{1q}=R_s i_{1q}+L_q\frac{\mathrm{d}i_{1q}}{\mathrm{d}t}+L_d\overline{\omega}i_{1d}+\sqrt{\frac{3}{2}}\psi_m\overline{\omega} \tag{5-2}$$

$$T_e=\sqrt{\frac{3}{2}}p[\psi_m i_{1q}+i_{1d}i_{1q}(L_d-L_q)] \tag{5-3}$$

式中，V_{1d}和V_{1q}分别是发电机定子电压的 d 轴分量和 q 轴分量；i_{1d}和i_{1q}是产生的定子电流的 d 轴分量和 q 轴分量；T_e是电磁转矩；R_s是定子绕组电阻；L_d和L_q分别代表 d 轴和 q 轴的定子电感；p 代表发电机极对数；ψ_m和$\overline{\omega}$分别表示发电机的磁通量和磁场旋转角速度。

通常，发电机在 d 轴和 q 轴上的定子电感分量大致相同。由此，可以假设 $L_d\approx L_q=L$。此外，假设定子磁化电流 $i_{1d}^*=0$，这样式(5-3) 便可进一步简化为

$$T_e=\sqrt{\frac{3}{2}}p\psi_m i_{1q} \tag{5-4}$$

发电机的机械动力学方程为

$$T_m-T_e=J\frac{\mathrm{d}\omega_m}{\mathrm{d}t}+D\omega_m \tag{5-5}$$

式中，T_m是发电机输入机械转矩；ω_m是转子旋转角速度；J 代表转子转动惯量；D 代表转子摩擦力。

分别对这些方程式进行拉普拉斯变换，便可得到如图 5-6 所示的发电机数学模型。

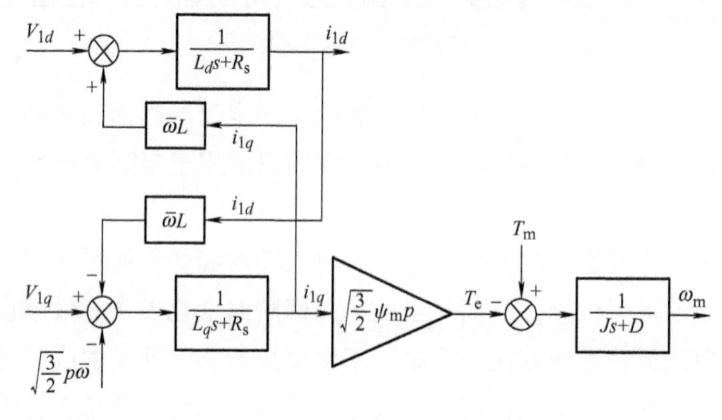

图 5-6　PMSG 发电机模型

注：$L_d s$、$L_q s$ 和 Js 中的 s 代表拉普拉斯变换的复数

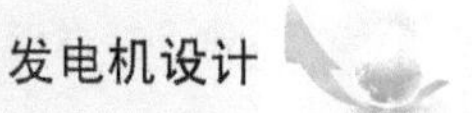

图 5-6 所示框图实际上描述了一个具有两个输入变量（V_{1d}和 V_{1q}）和三个输出变量（i_{1d}、i_{1q}和 ω_m）的多输入多输出控制系统。需要注意的是，在这些输出参数间存在相互耦合关系。因此，当某一个变量发生变化时，其他所有变量都会出现相应的变化。

2. 发电机侧变流器控制

在此部分，我们将主要介绍用于控制变量 i_{1d}、i_{1q}和 ω_m的磁场控制技术。该控制技术的原理框图如图 5-7 所示。

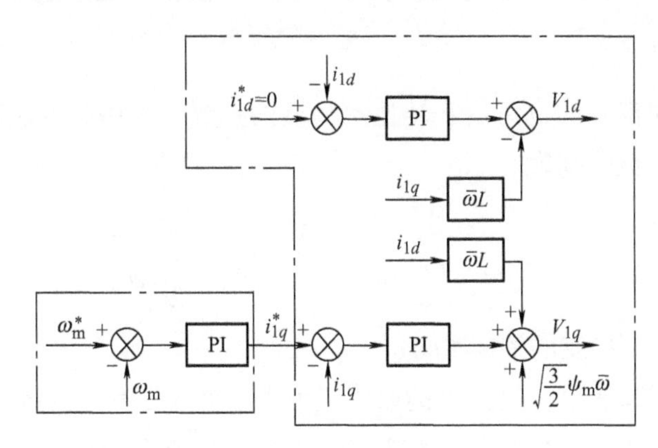

图 5-7　发电机侧变流器控制

i^*_{1d}、i^*_{1q}—给定的发电机定子电流的 d 轴分量和 q 轴分量　ω^*_m—给定的转子旋转角速度

从图 5-7 可见，该控制技术包含了两个嵌套的控制循环。其中，外部 PI 控制器用于控制发电机的旋转角速度 ω_m，而内部的 PI 控制器用于控制在 d 轴和 q 轴方向上的定子电流分量 i_{1d}和 i_{1q}。此外，在框图中还包含了一个使 PI 调节器免受系统耦合项影响的解耦项。

假设内部 PI 控制回路比外部 PI 控制回路在运行速度上不完全一致，那么速度和电流的控制就需要分别来实现。实践中，零极点对消方法通常被用来调谐两个电流调节器。在对电流回路进行解耦后，影响有功和无功电流分量的传递函数就可被简化为一个一阶系统，如图 5-8 所示。

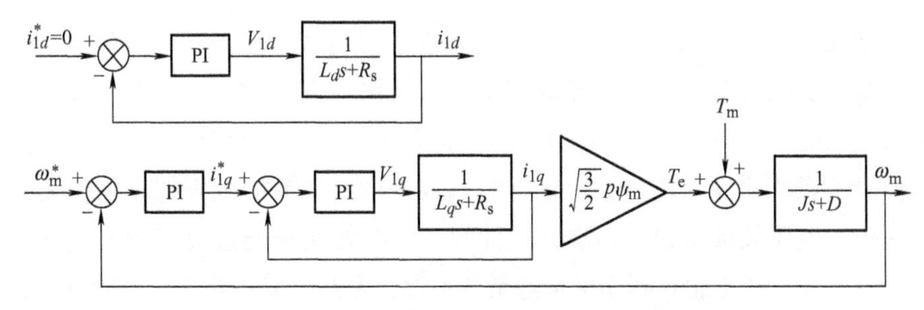

图 5-8　耦合项被补偿后的速度和电流控制回路

在实现了内部电流控制之后，下面来实现对潮流能发电机速度的控制。假设内部电流控制回路在运行速度上比外部速度控制回路快，那么电流控制回路对速度的动态影响便可忽略不计。于是，速度控制回路便可简化为如图 5-9 所示框图。

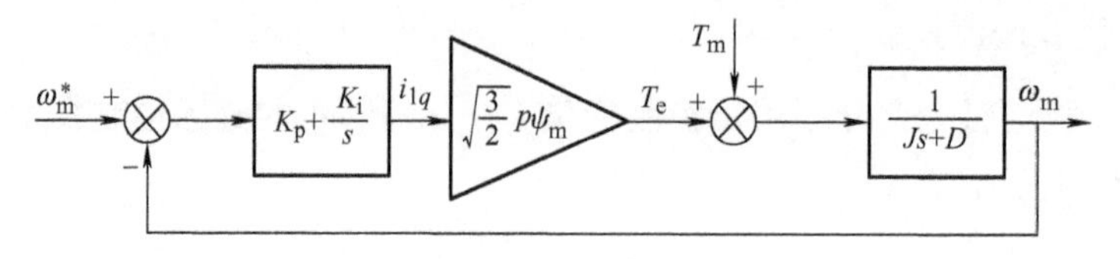

图 5-9　速度控制回路

在此，零极点对消方法也可用于转速控制器的控制。采用此方法后，获得的转速控制器的比例和积分常数分别为

$$K_{ps}=\frac{4J}{T_s\sqrt{\frac{3}{2}}p\psi_m},\quad K_{is}=\frac{4D}{T_s\sqrt{\frac{3}{2}}p\psi_m} \tag{5-6}$$

式中，T_s代表转速闭环控制的整定时间。

转速闭环控制看似简单，但当 T_s的取值很小或当潮流能发电机传动链的惯性很大时，其控制效果是非常理想的。当发电机的输入机械转矩 T_m变化导致的转子转速的波动会对系统的动态响应产生显著影响时，系统可以采用基于根轨迹分析的控制方法来改善系统的动态响应。

5.3.2　电网侧功率逆变器控制

电网侧逆变器的控制可以看作是发电机矢量控制的一个并行问题。在这种情况下，控制的目的旨在控制直流总线电压和输入电网电流的无功分量，或者是控制输入电网电能的有功功率和无功功率。

图 5-10 列出了对电网侧逆变器进行控制的一些基本控制方法，包括：电压定向控制（VOC），虚拟磁通量控制（VFOC），直接功率控制（DPC），虚拟磁通量-功率组合控制（VF－DPC）。

电网侧逆变器的 VOC 控制与发电机侧变流器的磁场控制基本相似，而电网侧逆变器的功率控制又与发电机侧变流器的转矩控制非常相似。VOC 控制和 VFOC 控制的共同之处是它们都是通过联合使用在旋转的 $d-q$ 坐标系中的内部电流控制回路和脉冲宽度（或空间矢量）调制器来实现系统良好的动、静态性能的。二者的区别在于它们是采用不同的方式来对电网电压矢量角的位置进行估计的。VOC 控制是通过直接测量电网电压来获得电压矢量，而 VFOC 控制是利用虚拟通量的概念，通过计算得到电压矢量角的位置。

DPC 控制是基于瞬时有功功率和瞬时无功功率的控制回路来实现的。它既不包含内

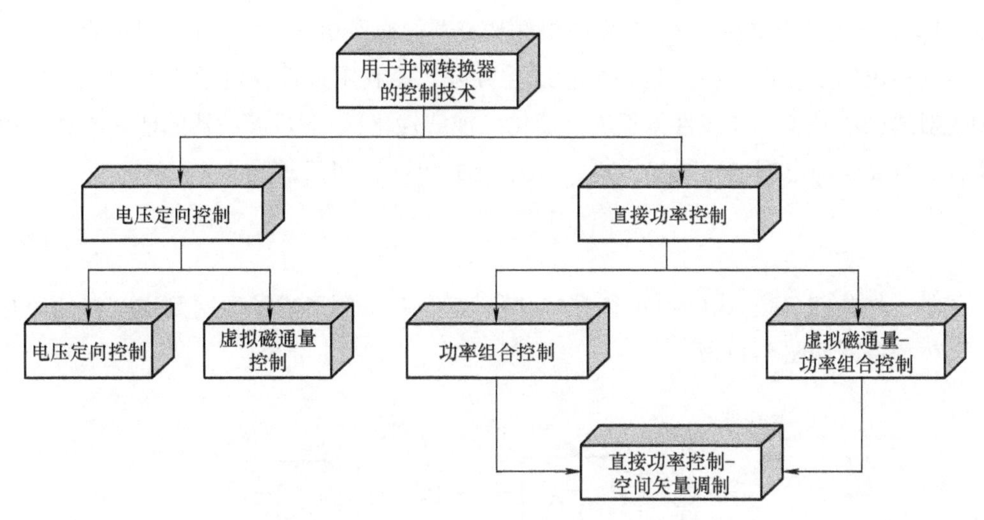

图 5-10　电网侧逆变器的控制方法

部电流控制回路，也没有脉宽调制器模块，这是因为逆变器开关状态的选择是根据切换表来进行的。而切换表的定义又是根据有功功率和无功功率的控制值和实际值之间的瞬时误差来决定的。因此，对有功功率和无功功率进行快速、正确地估算对成功实现 DPC 控制至关重要。DPC 控制与 VF－DPC 控制的主要区别在于其获得瞬时有功功率和无功功率的方式不同。前者的瞬时有功功率和无功功率是从电网电压直接获得，而后者则是从电网电压通量获得。实现 DPC 控制的原理与发电机侧变流器转矩控制的原理非常相似，因此二者的缺点也基本相同。为了克服 DPC 控制的缺点，人们将空间矢量调制 SVM 策略引入 DPC 控制中，从而产生了一种全新的控制方法，即 DPC－SVM 组合控制方法。DPC－SVM 组合控制方法继承了 SVM 和 DPC 各自的优点，即 DPC－SVM 既继承了前者恒定开关频率和单极电压脉冲的优点，也继承了后者结构简单、动态特性良好的优点。

1. 电网侧逆变器的动态数学模型

基于 $d-q$ 变换的电网侧逆变器的动态数学模型为

$$V_{2d}=R_{\mathrm{f}}i_{2d}+L_{\mathrm{f}}\frac{\mathrm{d}i_{2d}}{\mathrm{d}t}-L_{\mathrm{f}}\omega i_{2q}+e_d \tag{5-7}$$

$$V_{2q}=R_{\mathrm{f}}i_{2q}+L_{\mathrm{f}}\frac{\mathrm{d}i_{2q}}{\mathrm{d}t}-L_{\mathrm{f}}\omega i_{2d}+e_q \tag{5-8}$$

式中，V_{2d}和 V_{2q}代表电网侧逆变器电压的 d 轴和 q 轴分量；i_{2d}和i_{2q}是 $d-q$ 变换后电网电流的 d 轴和 q 轴分量；e_d和e_q是变换后电网电压的 d 轴和 q 轴分量；R_{f}是栅极滤波器电阻；L_{f}是栅极滤波器电感；ω 是电网角频率。

假设电网侧逆变器的工作效率为 100%，那么直流总线便可描述为

$$CV_{\mathrm{dc}}\frac{\mathrm{d}V_{\mathrm{dc}}}{\mathrm{d}t}=P_{\mathrm{gen}}-V_{2d}i_{2d}-V_{2q}i_{2q} \tag{5-9}$$

式中，V_{dc}是直流总线电压；P_{gen}是发电机侧变流器的输出功率；C代表的是电容。

需要指出的是，式(5-9）是一个非线性方程。要利用线性控制器来实现该控制，就必须先对式(5-9）所示非线性方程进行简化（或线性化)。假设滤波器的能量损耗可以忽略不计，且d轴与电网电压同步，即$e_q=0$，则式(5-9）可重写为

$$\frac{1}{2}C\frac{\mathrm{d}V_{dc}^2}{\mathrm{d}t} \approx P_{gen} - e_d i_{2d} \tag{5-10}$$

于是，将式(5-7)、式(5-8）和式(5-10）组合起来便形成了电网侧逆变器的简化模型，其模型框图如图5-11所示。

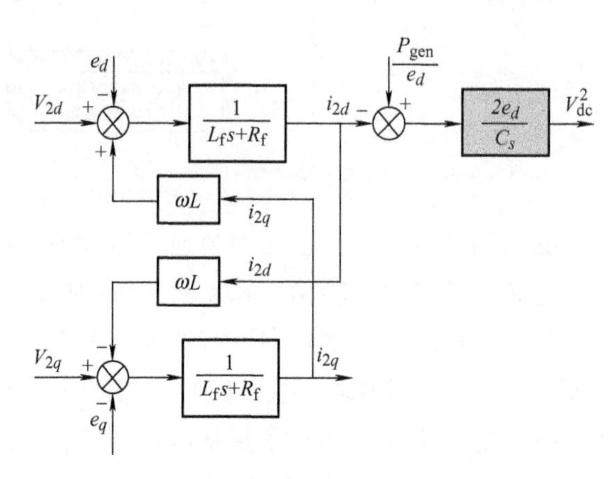

图5-11　电网侧逆变器的线性化模型

2. 电网侧逆变器控制

电网侧逆变器的控制旨在通过利用电压控制的办法来对电流和电压变量i_{2d}、i_{2q}和V_{dc}^2进行控制，其控制程序如图5-12所示。

从图5-12可以看到，对电网侧逆变器的控制也是通过两个控制回路来实现。其中，一个回路为用于控制栅极电流分量的内部控制回路，另一个回路是用于控制V_{dc}^2的外部控制回路。其PI控制电流调节器的比例和积分常数分别为

$$K_{2pc}=\frac{4L_f}{T_{2c}},K_{2ic}=\frac{4R_f}{T_{2c}} \tag{5-11}$$

式中，T_{2c}为电流闭环控制的整定时间。

在此过程中，电压的控制是通过一个PI控制器和一个前馈项来实现的。其中，前馈项包含了由发电机侧变流器输出给直流总线的功率P_{gen}，其作用是对发电机功率的变化进行快速补偿。因此，该前馈项的应用可以极大地改善直流总线电压的动态特性。当控制器的比例常数足够高时，也可以得到很好的控制效果。此时电压调节器的比例常数为

$$K_{PVdc}=-\frac{2C}{e_d T_{Vdc}} \tag{5-12}$$

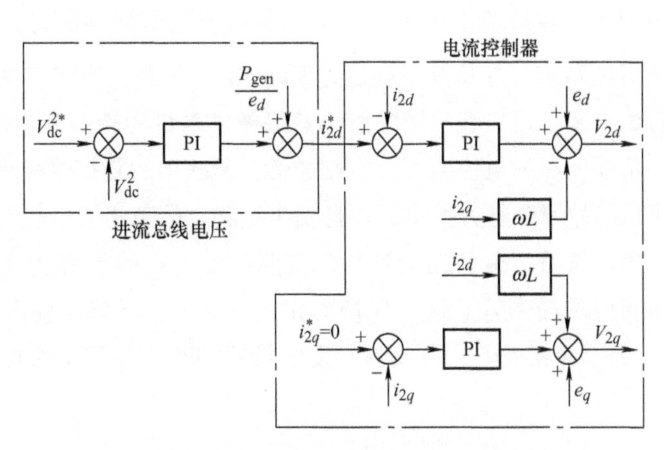

图 5-12　电网侧逆变器的控制程序框图

V_{dc}^{2*}—给定的直流总线控制电压　i_{2d}^{*}、i_{2q}^{*}—给定的直流总线控制电压产生的直流总线控制电流的 d 轴分量和 q 轴分量

式中，T_{Vdc}代表 V_{dc}^2闭环控制的整定时间。

但如果需要对直流总线电压进行高精度控制时，还是需要利用根轨迹法，根据所需调整积分控制器来实现。

5.3.3　变转速控制的故障穿越

故障穿越能力的建立对在恶劣环境条件下工作的潮流能发电机而言至关重要。图 5-13 展示了两种具有故障穿越能力的变转速控制方案。

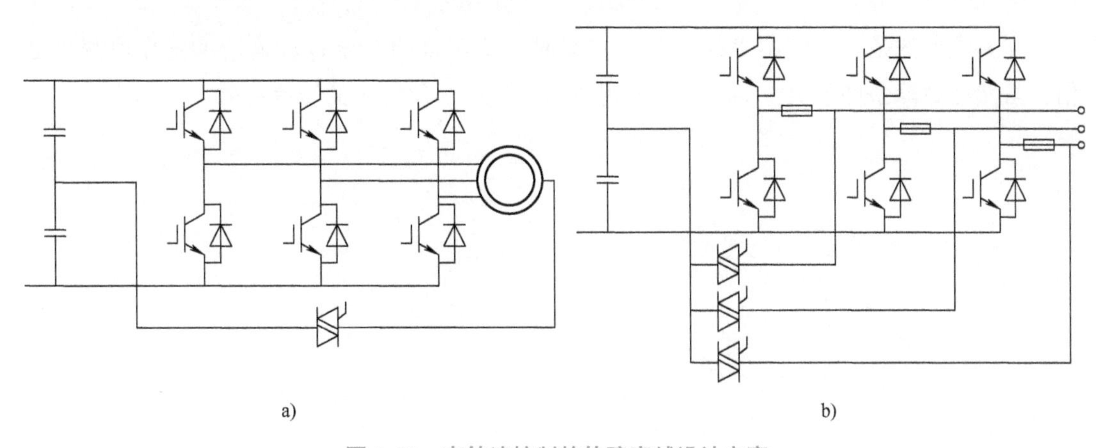

图 5-13　变转速控制的故障穿越设计方案

a）开路故障发生时的故障穿越　b）短路故障发生时的故障穿越

图 5-13a 所示的故障穿越方案只适用于发电机有中性线的情况。在此方案中，一旦变流器中的某一个开关失效，连接到发电机中性线上的晶闸管就会被激活，从而将该点连

接到直流总线的中间点。在故障发生后，为了确保系统仍然能够保持旋转的磁场，健康相的电流会相应地增加$\sqrt{3}$倍，并从其平衡位置偏转30°。于是，非零共模电流将流过发电机的中性点。通过该方案，可以在故障之后仍然保持发电机的转矩和速度，但在此期间，变流器会被过载，承受较高的电流通过。否则的话，所获得的转矩将减小一半。

在图5-13b所示的故障穿越方案中，一旦发生短路，故障相的熔丝将被熔断，从而实现故障相的成功隔离。然后，最初连接到故障支路的发电机端子将连接到直流总线的中性线上，从而激活相应的晶闸管。这一保护动作一旦完成，系统中就产生一组相位差为60°的电压。例如，如果a相失败，由此引起发电机的端子连接到中性点上，则必然会生成以下一组电压

$$\begin{cases} V_{a0} = 0 \\ V_{b0} = A\sin\left(\omega t - \dfrac{5\pi}{6}\right) \\ V_{c0} = A\sin\left(\omega t + \dfrac{5\pi}{6}\right) \end{cases} \tag{5-13}$$

在此情况下，所获相间电压分别为

$$\begin{cases} V_{ab} = A\sin\left(\omega t + \dfrac{\pi}{6}\right) \\ V_{bc} = A\sin\left(\omega t - \dfrac{\pi}{2}\right) \\ V_{ca} = A\sin\left(\omega t + \dfrac{5\pi}{6}\right) \end{cases} \tag{5-14}$$

需要强调的是，当应用该故障穿越方案时，所获得的电压较故障前的电压将降低2倍，虽然在故障条件下恒定的转矩仍然可以得到保持，但转子的转速将减小一半。

第 6 章　发电机控制技术

■6.1　发电机控制策略

6.1.1　发电机速度-功率曲线

图 6-1 所示为潮流能发电机在理想情况下的速度-功率曲线。潮流能发电机便是参考这样的一条曲线来制定其控制策略，以使其能够在任何潮流条件下都能够高效地从潮流中捕获能量。

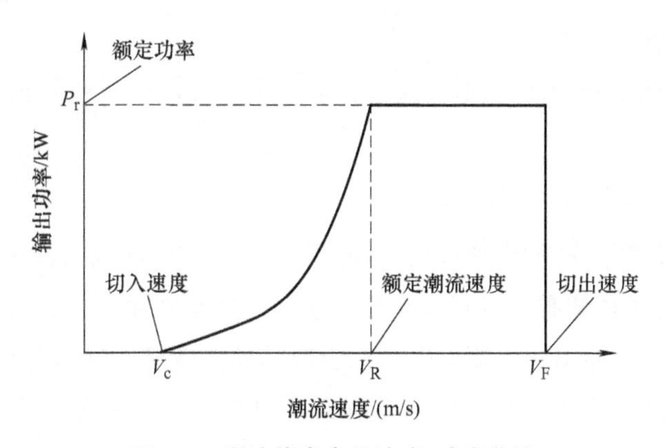

图 6-1　潮流能发电机速度-功率曲线

如图 6-1 所示，只有在潮流速度达到预定的切入速度 V_c后，潮流能发电机才会开始运转。然后，随着潮流速度的不断增加，潮流能发电机的转速将通过利用最大功率点跟踪（MPPT）控制策略来进行控制。理论上，发电机的输出功率与潮流速度的立方成正比。当潮流速度达到额定潮流速度 V_R时，即使潮流速度再增加，发电机的输出功率也会恒定保持在其额定功率处，不再发生任何改变。在此过程中，潮流能发电机转速的 MPPT 控制策略以及当潮流速度达到额定潮流速度后发电机的恒定功率输出都是可以通过转子叶片的变桨控制来实现的。但对于那些拥有固定桨距的潮流能发电机而言，只能通过控制其转子的转速来实现。

6.1.2 定速变桨距潮流能发电机

对于这种类型的潮流发电机，当潮流速度 V 低于额定潮流速度 V_R 时，系统会自动查找其最佳的功率系数 C_P 的值。功率系数 C_P 是潮流发电机转子叶片尖速比 λ 和叶片桨距角 β 的函数。在定转速情况下，该曲线取决于桨距角 β 和潮流速度 V。而由于潮流速度 V 是不可控的，因此最佳功率系数 C_P 值也只能通过改变叶片的桨距角 β 来达到，即通过变桨距控制使得系统的功率系数始终处在与当前潮流速度相对应的最大值处。当潮流速度 V 达到和超过额定潮流速度 V_R 时，系统还是通过控制叶片的桨距角 β 来控制发电机的输出功率，使其恒定保持在发电机的额定功率处。

6.1.3 变速定桨距潮流能发电机

变速定桨距潮流发电机是通过改变其转子的旋转速度来调节其能量捕获效率，其目标在当前潮流速度条件下最大限度地从潮流中捕获能量。通常，当潮流速度 V 低于额定潮流速度 V_R 时，系统需要通过控制潮流发电机转子的转速来达到最大的功率系数 C_P；当潮流速度 V 达到或超过额定潮流速度 V_R 时，系统将以潮流发电机的额定功率为限，来选择其转子的旋转速度。

当潮流速度 V 低于额定潮流速度 V_R 时，变速定桨距潮流发电机的最佳控制可通过下述方法来实现。

1. 最大功率点跟踪（MPPT）策略

当潮流能发电机转子叶片最佳尖速比 λ_{opt} 和与其相对应的最大功率系数 C_{Pmax} 未知时，MPPT 是进行潮流能发电机控制的最佳选择。在此控制策略中，转速控制回路的参考值需要进行不断地调整，以使得潮流能发电机在当前的潮流速度下能够达到最大的输出功率。于是，为了确定该参考值的增减，就非常有必要事先估计出潮流能发电机在功率曲线上的当前位置。这个估计可以通过如下两种方法来完成：

方法一：通过采用一个转速偏置量 $\Delta\omega$ 来修正速度参考值。为了确定系统有功功率 P_{TURB} 在接下来的变化情况，我们首先需要首先估计出有功功率随速度变化的梯度值 $\frac{\partial P_{TURB}}{\partial \omega_r}$（$\omega_r$ 为发电机转子转速），该值的符号将告诉我们当前的工作点向最大功率 P_{TURB}（ω_r）值位置的移动方向。于是，以该梯度值为参考，便对速度参考值进行线性调整。当系统达到最大功率值时，对应的梯度值为 $\frac{\partial P_{TURB}}{\partial \omega_r}=0$。

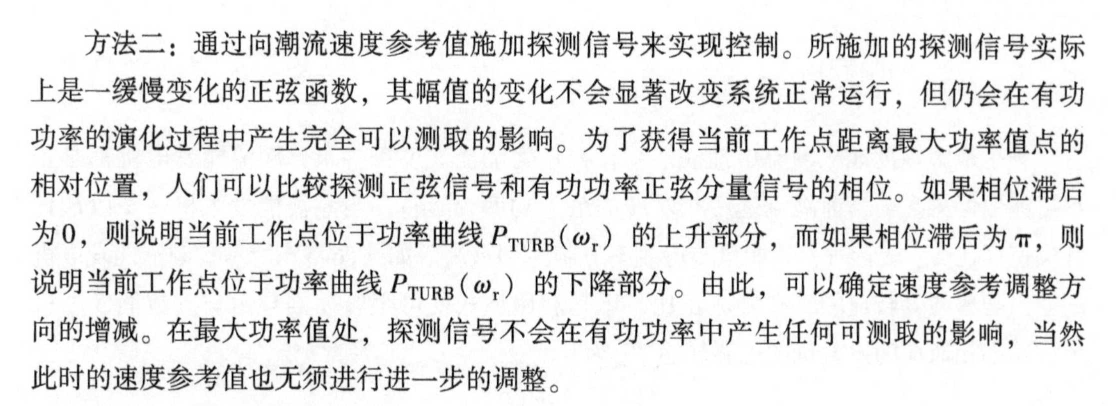

方法二：通过向潮流速度参考值施加探测信号来实现控制。所施加的探测信号实际上是一缓慢变化的正弦函数，其幅值的变化不会显著改变系统正常运行，但仍会在有功功率的演化过程中产生完全可以测取的影响。为了获得当前工作点距离最大功率值点的相对位置，人们可以比较探测正弦信号和有功功率正弦分量信号的相位。如果相位滞后为0，则说明当前工作点位于功率曲线 $P_{TURB}(\omega_r)$ 的上升部分，而如果相位滞后为 π，则说明当前工作点位于功率曲线 $P_{TURB}(\omega_r)$ 的下降部分。由此，可以确定速度参考调整方向的增减。在最大功率值处，探测信号不会在有功功率中产生任何可测取的影响，当然此时的速度参考值也无须进行进一步的调整。

2. 转子转速最优控制策略

在转子叶片叶尖速比（TSR）的最佳值 λ_{opt}是已知的情况下，可采用转子转速最优控制策略对转子的转速进行控制。当 $\lambda(t)=\lambda_{opt}$时，转子转速在闭环控制条件下可以达到如下最佳值，即

$$\Omega_{ref}=\frac{\lambda_{opt}}{R}V(t) \tag{6-1}$$

式中，R 为潮流能发电机转子的半径；$V(t)$ 为潮流速度。

3. 有功功率最优控制策略

在转子叶片 TSP 的最佳值 λ_{opt}和潮流能发电机最大功率系数 $C_{Pmax}=C_P(\lambda_{opt})$ 都已知的情况下，则可以采用有功功率最优控制策略对系统有功功率进行控制。在此情形下，潮流能发电机从潮流中所捕获的功率可描述为

$$\partial P_{TURB}=\frac{1}{2}C_P(\lambda)\rho\pi R^2V^3=\frac{1}{2}\frac{C_P(\lambda)}{\lambda^3}\rho\pi R^5V^3 \tag{6-2}$$

式中，ρ 为空气密度。

将 λ_{opt}和 C_{Pmax}代入式(6-2)，则可以获得功率–速度曲线第二区域的功率参考值，即

$$P_{TURB}=P_{ref}=K\omega_{ref}^3 \tag{6-3}$$

$$K=\frac{1}{2}\frac{C_P(\lambda_{opt})}{\lambda_{opt}^3}\rho\pi R^5 \tag{6-4}$$

式中，P_{ref}、ω_{ref}分别为发电机功率参考值和转子转速参考值。

6.2　发电机控制设计方法

本节将介绍可用于实施上述三种潮流能发电机控制策略的一些经典的比例积分 PI 控制设计方法。

6.2.1 转矩控制回路

为了最大限度地从潮流中捕获能量，在任何潮流速度条件下，潮流能发电机都必须尽可能地保持在与当前潮流速度相对应的最大功率处运行。当潮流能发电机转子以最佳叶尖速度比 λ_{opt} 旋转时，其能量传递效率 η 将达到最高。如式(6-3) 所示，潮流能发电机的输出功率与其转速的三次方成正比，于是利用该式便可很容易推导出与潮流能发电机最大功率相对应的发电机的电磁转矩 T_{ref} 为

$$T_{ref}=\eta K\omega_{ref}^2 \tag{6-5}$$

需要指出的是，式(6-5) 所示电磁转矩只适用于当潮流速度低于额定潮流速度 V_R 的情况（即 $V<V_R$）。当 $V\geqslant V_R$ 时，因为需要将发电机输出功率保持在发电机的额定功率处，参考转矩则更新为

$$T_{ref}=P_r/\omega \tag{6-6}$$

6.2.2 转速控制回路

基于线性模型的潮流能发电机转速闭环控制框图如图 6-2 所示。

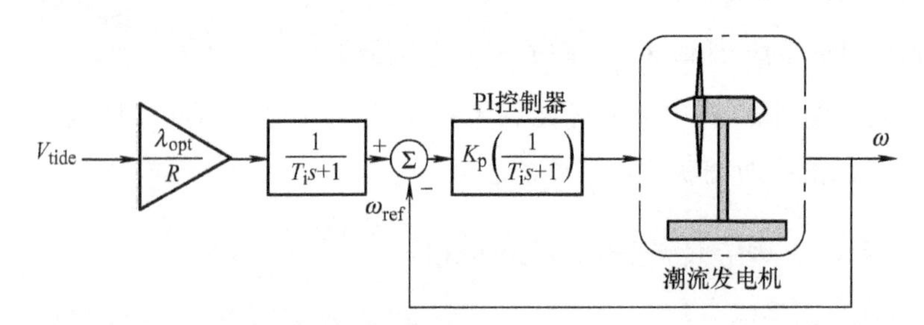

图 6-2 潮流能发电机转速闭环控制框图

V_{tide}—来流速度 K_p—增益 T_i—潮流能发电机转子的转矩

在图 6-2 所示闭环控制中，虽然选用较高的增益值 K_p 更有利于潮流能发电机实现对其转速的跟踪，但受控制转矩的限制，K_p 的高取值也不能没有限制。另外，在该控制框图中由于引入了基于一阶滤波的零效应补偿，即使稳态速度误差为零，系统控制也会因参考信号 ω_{ref} 的变化而表现出一个非零的动态误差。最后，需要指出的是，在图 6-2 所示框图中的增益和时间常数将会随着潮流能发电机工况（即潮流速度和转子转速）的变化而变化，故框图所示控制跟踪系统的动态性能也会随着潮流能发电机运行工况的变化而发生改变。

6.2.3　功率控制回路

在功率控制过程中，系统的输入是电磁转矩，其输出是从潮流能发电机输出的有功功率。功率控制方案的设计是以在给定潮流速度下，系统对发电机转矩阶跃变化的响为基础的。潮流作用在发电机转子上产生的转子转矩与发电机电磁转矩之间总是存在差异的。这一差异的存在就导致了发电机转子转速的瞬时变化，这就需要对发电机的输出功率进行及时调整，以使两者的数值能够随时间的变化始终保持一致。下面，我们将以选用PMSG的潮流能发电机的速度PI控制为例，来对此控制方法进行阐述。

在$d-q$坐标系中，永磁同步发电机动态模型在S域可以表述为

$$\begin{cases} -(r+L_d s)i_d = V_d - \psi_q \omega_s \\ -(r+L_q s)i_q = V_q - \psi_d \omega_s \end{cases} \tag{6-7}$$

式中，r为永磁同步发电机定子电阻；L_d和L_q分别为定子电感d轴和q轴分量；i_d和i_q分别为发电机定子电流的d轴和q轴分量；V_d和V_q分别为定子电压d轴和q轴分量；ψ_d和ψ_q分别为磁通量d轴和q轴分量；ω_s为磁场旋转角速度。

其对应的运动学方程为

$$T_{gen} - T_{em} = (Js+h)\Omega_{gen} \tag{6-8}$$

式中，$\Omega_{gen}=\omega_s/p$是发电机转子旋转速度；p为发电机的极对数；T_{gen}是发电机转子的输入机械转矩；T_{em}为发电机电磁转矩；h为阻力系数；J为转子转动惯量；s是一个代表拉普拉斯变换的复数。其中，发电机的电磁转矩T_{em}为

$$T_{em} = \frac{3}{2}p(\psi_d i_q - \psi_q i_d) = \frac{3}{2}p[\psi_m i_q + (L_d - L_q)i_d i_q] \tag{6-9}$$

式中

$$\begin{cases} \psi_d = L_d i_d + \psi_m \\ \psi_q = L_q i_q \end{cases}$$

当$L_d=L_q$时，发电机电磁转矩T_{em}可以进一步简化为

$$T_{em} = \frac{3}{2}p\psi_m i_q \tag{6-10}$$

在所有这些假设条件下，潮流能发电机的功率控制框图如图6-3所示。

图6-3中，需要采用一个内环回路来控制转矩，还需要一个外环回路来控制发电机的速度。实际上，从图6-3中还可以看出，PMSG发电机转子速度的控制也完全可以通过控制与转矩成比例的转子电流i_q来实现。

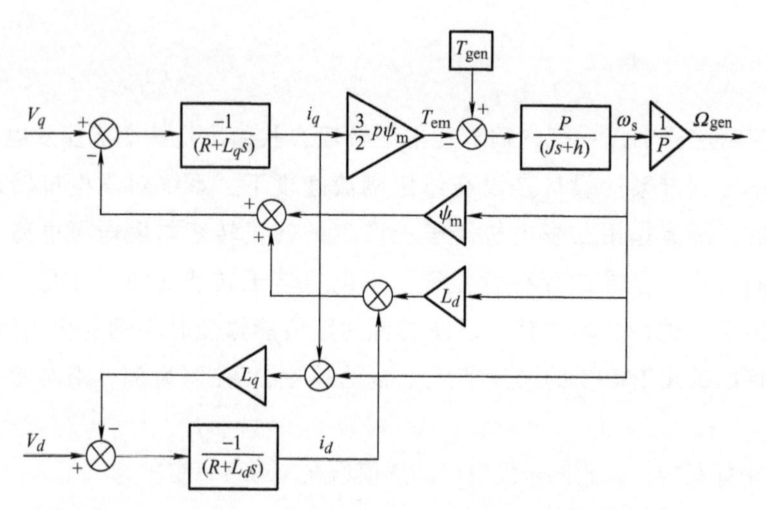

图 6-3　配备 PMSG 发电机的潮流能发电机功率控制框图

第 7 章　潮流能发电场设计布局

7.1　潮流能发电场布局

7.1.1　潮流能发电场电网布局概况

由于目前尚未有大规模的潮流能发电场投入商业运行，迄今在潮流能发电领域对潮流能发电场的电气配置及附属设施的设计方面尚未形成统一的标准。现有的潮流能发电项目也都是1～2MW的单机部署，而未形成规模化的潮流能发电网络。现在这些单机部署的潮流能发电机都安装在离岸很近的水域，其目的主要是为了进行技术测试，而不是为了实现电力的商业生产和传输。对它们的安装位置的选取决定于岸上是否存在合适的电网连接点，以降低项目额外的电气设施投入成本。由于这些潮流能发电机距离岸边非常近，因此其电力传输既可采用低压，也可采用高压输电线路来完成。但是鉴于潮流能发电项目的高成本，为减低潮流能发电成本，一旦技术成熟，必定还是需要同时安装多台潮流能发电机，形成发电网络来同时进行电力生产。目前，业界已经充分认识到这一点，并积极开始对潮流能发电机的阵列设计进行了探讨。然而，必须提醒的是，即使我们成功实现了发电机阵列及其附属设施的设计，但由于海洋环境的复杂性和所需技术的不同，将这些设计最终变成现实可行的工程方案还是一项非常艰巨的任务。可以预见，未来大型潮流能发电场的布局设计很可能还会主要参考海上风电场的布局设计来完成。但具体设计方案会在充分考虑潮流资源及潮流能发电机工作的特殊性后，做出相应的修改。

7.1.2　阵列布局的基本要求

理论上，尽管从潮流能发电机生产出的部分电力可以通过海水淡化、海上制氢等项目进行就地消化，或者通过大容量电池堆进行现场储存。但随着未来潮流能发电场规模的不断扩大，从潮流能发电场生产的电力会越来越多，最终还是需要通过电网将其生产的电力输送到岸上，以满足岸上用户的用电需求。于是，就出现了如何并网的问题。潮流能发电机并网是一个非常复杂的问题，会涉及如图 7-1 所示的许多组件和环节。在并网设计中，人们需要确定网络中每条电缆将要传输电力的电压，以及每台入网的潮流能发电机组的额定功率，以实现对网络中每一个设备的进行正确选型。

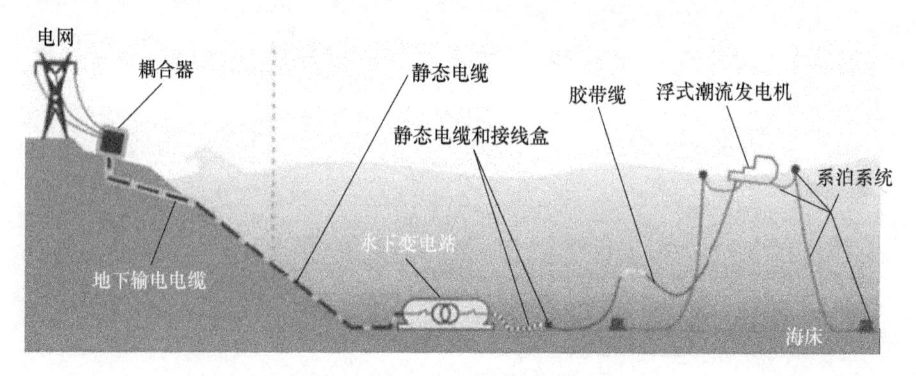

图 7-1　潮流能发电机并网示意图

但是在选择网络布局时，还有一个因素需要充分考虑，那便是将来网络中每一个电气设备组件的维修问题。由于长期在恶劣的环境中工作，这些电气组件不可避免会出现故障，从而影响到潮流能发电场的正常生产。所以，在设计之初，就一定要尽可能确保将来可以对这些电气设备组件进行方便维修，以最大限度地减小其故障对正常潮流能发电生产的影响和提高潮流能发电机组的可利用率。

7.1.3　潮流能发电场阵列布局方式

进行潮流能发电场阵列设计的主要目的是要通过一种合理、有效的方式将潮流能发电现场中的所有潮流能发电机及其附属设备连接起来，并最终连接到一个总的电缆汇集点，然后再从这个电缆汇集点通过一根或多根海底电缆将电力输送到岸上。这些海底电缆传输电压的选择在很大程度上取决于潮流能发电场的离岸距离。潮流能发电场阵列布局设计包括选择电网网络的基本布局，确定电气设备的型号和数量，估计包含系泊系统等设施在内的整个潮流能发电场所需占据的海域面积，电气连接设备的数量和规格，以及这些连接设备距离海岸线或潮流能发电场电缆汇集点的距离和相对位置等。目前，现有的潮流能发电场阵列布局方式如图 7-2 所示。

对图 7-2 所示各种阵列布局方式进行选择时，通常需要考虑的因素有：

①电力输送效率；②安装和运行需求；③潮流资源的捕获情况；④电能质量；⑤对环境的影响；⑥对系泊系统或潮流能发电机基础的要求；⑦潮流能发电机可利用率和电

力生产的连续性。

7.1.4 阵列互连设计

如果允许将潮流能发电场中的每一台潮流能发电机都通过自己的专用电缆单独连接到岸上的话，从系统可靠性的角度讲，这种连接方式最可靠；从单机运行的角度讲，这种方式也是最灵活。因为如果采用这种连接，当任何一台机组出现故障时，都不会影响到其他机组的正常运行。但是这种连接方式的弊端是需要铺设很多海底电缆，由于海底电缆的铺设代价昂贵，从而会导致项目成本的大大增加。因此，从降低项目成本的角度讲，阵列互连设计是更加经济合算。目前，潮流能发电场阵列互连设计方式大致可分为如下几种类型：

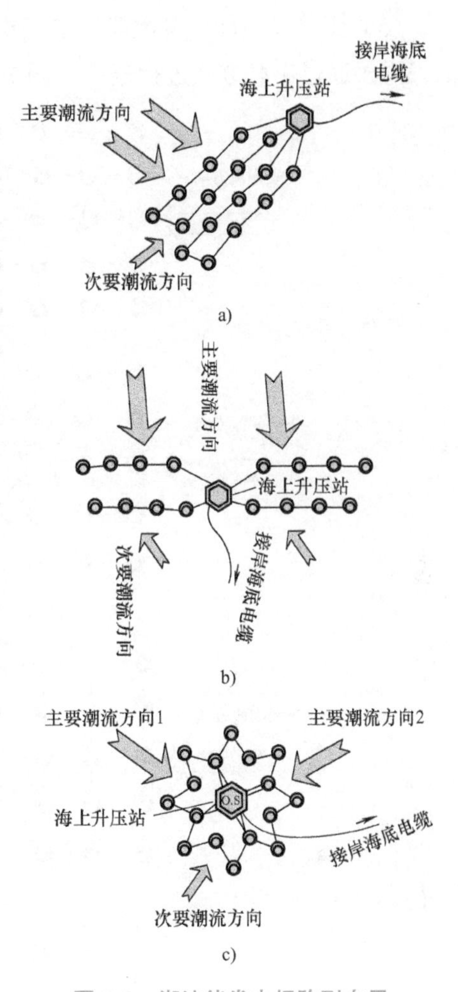

图 7-2　潮流能发电场阵列布局

a）布局方式一　b）布局方式二　c）布局方式三

（1）无冗余并联　首先对潮流能发电场中的所有潮流能发电机分组，并将组内的潮流能发电机并联连接；然后各组均沿着发电场主电缆方向并联排列，连接到海上升压站；最后，从海上升压站通过海底电缆将电力传输到岸上（图 7-3a）。这种连接设计的主要优点是，如果系统中的某一个单台设备因故障断开，不会影响到系统其他设备的正常工作。

（2）星形连接　首先对潮流能发电场中的所有潮流能发电机进行分组，并将组内的潮流能发电机串联连接，然后每组以星形分布的方式，分别连接在海上升压站的周围（图 7-3b）。该连接方式的主要优点是不同设备组群之间彼此独立，当某一组发生故障时，不会影响到其他组群的正常工作。但是若组内某一潮流能发电机发生故障，则该组所有发电机都必须停止生产。

（3）无冗余串联　潮流能发电场中的所有潮流能发电机都沿着单条主电缆串联连接（图 7-3c）。该连接方式最大的缺点是一旦系统中某个潮流能发电机发生故障，整个系统的正常运行将会受到影响。

（4）有冗余并联　潮流能发电场中的所有潮流能发电机并联连接在一个闭环主电缆上，系统通过一个切换装置来控制电网内电流的流动方向（图 7-3d）。

（5）多分支串联　潮流能发电场中的所有潮流能发电机分成多个分支，每一分支内的发电机通过串联方式进行连接（图7-3e）。

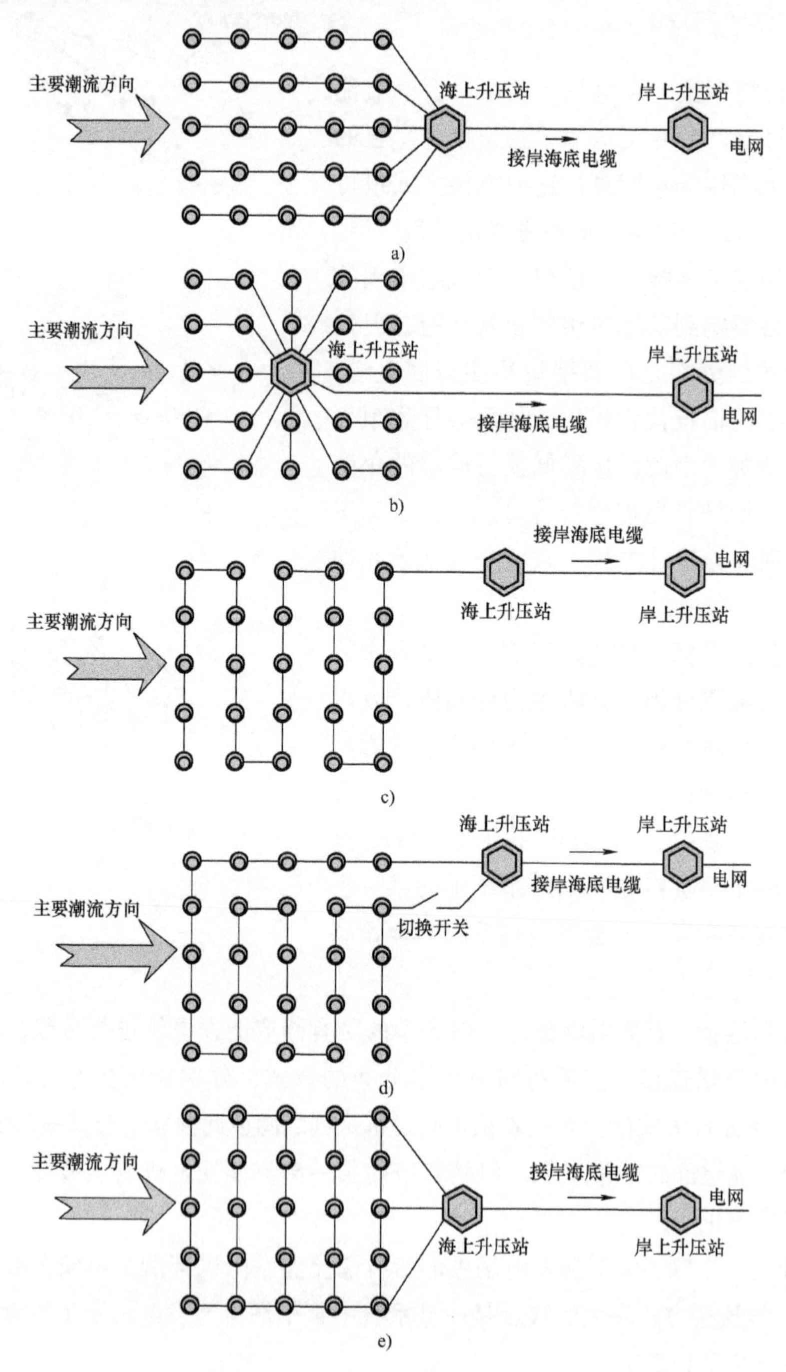

图7-3　潮流能发电场阵列互连设计

a）无冗余并联　b）星形连接　c）无冗余串联　d）有冗余并联　e）多分支串联

7.1.5　电力输送方案

根据电网中输送电流的类型，电力输送可分为交流（AC）传输和直流（DC）传输。设计中究竟要选择哪一种电力输送方式决定于潮流能发电场的离岸距离和装机容量，如图7-4所示。

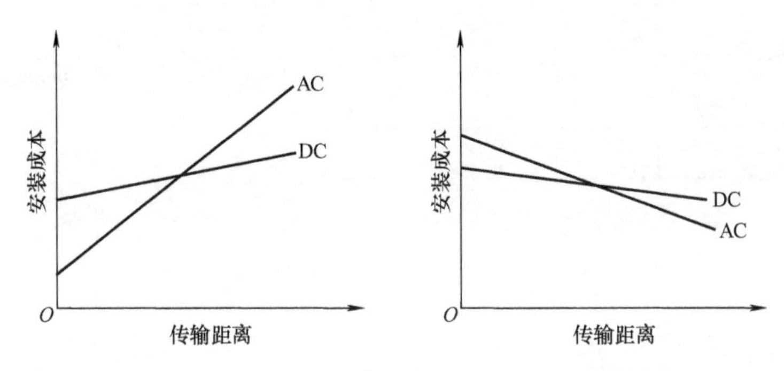

图7-4　交流和直流输电系统的安装成本和传输效率

对于离岸距离较远或装机容量较大的项目，若采用交流传输，安装成本昂贵，电力输送效率也不高，故建议采用高压直流（HVDC）传输。另外，海底电缆产生的无功功率太大时，也不太会考虑采用交流传输。但是，若采用HVDC传输，则需要在潮流能发电场和岸上分别配备一昂贵的大功率AC/DC转换器，这会在一定程度上给潮流能发电场的建设和运营成本带来额外的负担。但无论采用哪一种电力输送方式，在大型潮流能发电场设计时，通常都会设计一个海上升压站来提高电缆的传输电压，以降低在电力输送过程中的能量损耗。与此同时，潮流能发电场中的每台潮流能发电机通常除了内置一个功率变流器外，还会内置一个变压器，以帮助提高电力输送的电压，如图7-5所示。

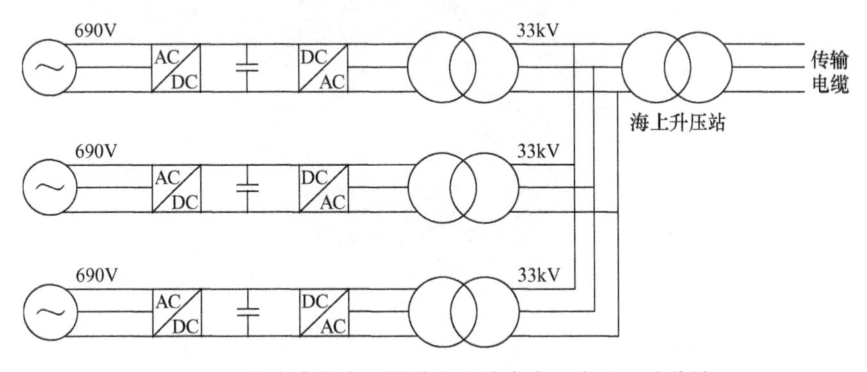

图7-5　具有内置变压器的潮流能发电机电力交流传输

但有的潮流能发电机并没有内置的变压器。对这种类型的潮流能发电机，其电力输送方案则如图7-6所示。在此情况下，潮流能发电场将配备一个场内升压站，发电场中的各台潮流能发电机产生的电力将先送到场内升压站，经过升压后，再从场内升压站输送给海上升压站进行进一步的升压。

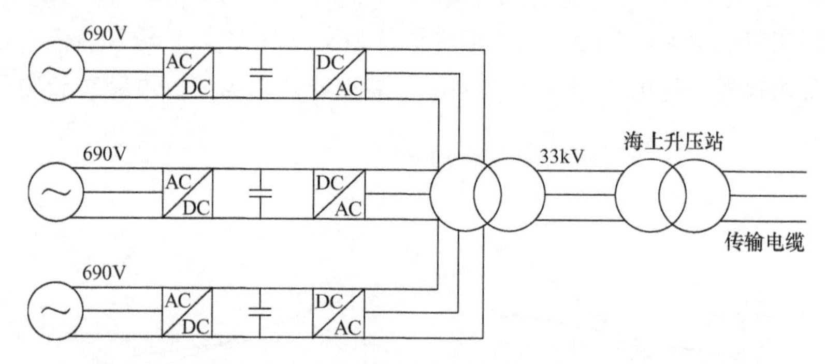

图 7-6　潮流能发电机没有内置变压器情况下的电力交流传输

■ 7.2　海底电缆

海底电缆是潮流能发电场的关键设备之一，其功能主要是帮助我们实现电力的输送及岸上与潮流能发电场之间的信息通信。换句话说，所有潮流能发电机生产的电力输送以及它们与岸上中央控制室之间的通信都需要依赖海底电缆来完成，故海底电缆的可靠性对潮流能发电场的安全生产而言至关重要。海底电缆的内部结构组成会根据不同的应用而有所不同。图 7-7 所示是一种标准的海底电缆的横截面示意图。

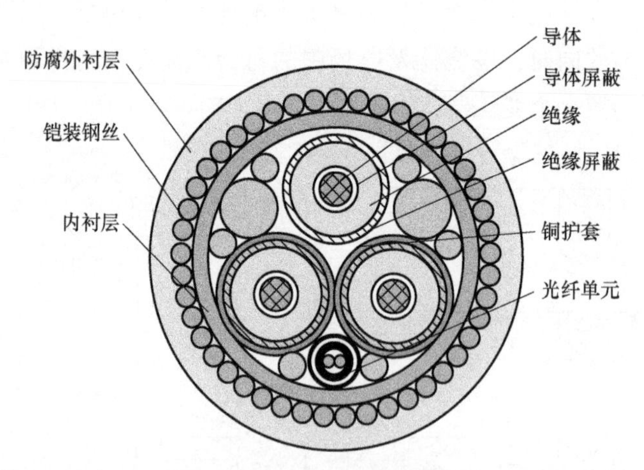

图 7-7　海底电缆横截面示意图

从图 7-7 可以看出，海底电缆内部通常包含三根导线。每根导线都由绝缘材料包裹着，并且还配有绝缘屏蔽层以保持电缆内部电应力的均匀分布。然后，这些导线又被整体包裹在一个内衬层里面。用于通信的光纤也和这些导线一起被包裹在内衬层里面。内

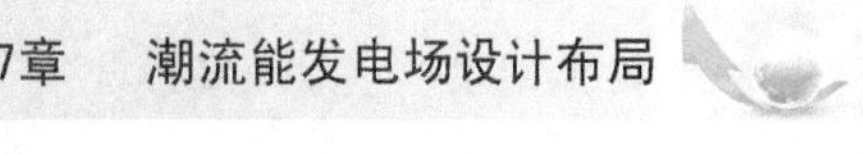

衬层外面是铠装钢丝保护以增强海底电缆的刚度。海底电缆最外面的一层是具有防水、防腐功能的沥青外衬或具有类似功能的其他类型的聚合物层。

7.2.1　导线

海底电缆内的三根导线是用来承载三相电流的。在设计中，这些导线的直径通常会比较大，以确保电缆在持续传输负载电流时不会过于过热，并且能够帮助将电压降至设定的范围内。海底电缆内的导线一般是绞合的，即三根导线会沿相同方向扭曲。理论上，采用如此特殊的绞合设计会有助于增加电缆的柔韧性和改善电力传输的性能。这是因为经过这样的绞合设计后，在电缆横截面上的电流的分布将比在实心的直导线上更加均匀。海底电缆导线的选材通常是铜，因为与铝相比，铜的电阻更小，从而可以减小电缆的直径。另外，考虑到海底电缆在服务期间可能会承受一定的动态应力，于是材料的拉伸强度也是导线选材时需要考虑的一个重要因素。而在拉伸强度方面，显然铜比铝更好。最后，在电缆破损最严重的情况下，即便海水进入电缆，铜材比铝材也更耐腐蚀。选用铜材导线唯一的缺点是，铜材比铝材昂贵，这会在一定程度上增加海底电缆的投资成本。

7.2.2　绝缘层

海底电缆内每根导线的绝缘层都需要具有一定的厚度，以满足其承载、安全性和可靠性的需要。工程实践中，对海底电缆绝缘的基本要求如下：

1）具有很高的绝缘阻抗，以防止漏电。

2）具有很高的介电强度，以避免被电击穿。

3）具有很高的机械强度，以允许其承受在电缆搬运和运动过程中产生的机械应力。

4）具有防水功能，以便即使在内外衬套损坏的情况下，仍然能够确保电缆的安全。

5）由于海底电缆在服务期间是浸泡在海水中或埋藏在海床下，海水特殊的酸碱特性要求海底电缆具有足够的耐碱和耐酸能力，以确保长期的可靠性。

目前，在海底电缆绝缘层材料的取材方面，人工合成的聚合物已经取代了天然材料（如纸张、矿物油和天然橡胶），成为制作电缆绝缘层的主要材料。这些聚合物材料种类繁多，根据工程应用的具体需要，利用不同的聚合物材料做电缆绝缘层会使海底电缆获得不同的机、电、热学性能。实践中，用于制作海底电缆绝缘层较为常用的材料是交联聚乙烯（XLPE）和乙烯-丙烯橡胶（EPR）。如果采用 XLPE，海底电缆通常需要加装一个额外的防潮层以阻止水分进入，这个防潮层大多采用的是铅合金护套。而采用 EPR 的海底电缆则不需要加装金属护套，但前提是要确保所选 EPR 材料能够满足海底电缆的防潮要求。

7.2.3 绝缘屏蔽

在实际应用中，当海底电缆的承载电压超过 3.8kV/6.6kV 时，作用于其绝缘层上的切向方向的静电应力就会高于作用在绝缘层上的径向应力，可能造成漏电现象出现。而泄漏的电流又会导致电缆局部受热，甚至会诱使绝缘层被击穿。因此，非常有必要对电缆绝缘层采取适当的屏蔽措施，如图 7-8 所示。

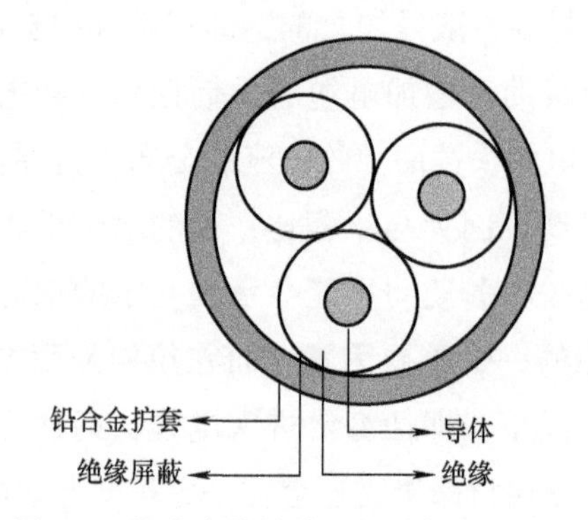

图 7-8 海底电缆绝缘层屏蔽措施示意图

7.2.4 通信光纤

在潮流能发电场的生产过程中，保持各台潮流能发电机组与岸上中央控制室的通信畅通，对确保各潮流能发电机组的安全运行至关重要。而双方的通信便是通过镶嵌在海底电缆内的通信光纤来实现的。因此，在海底电缆的设计过程中，必须要采取适当的保护措施来对电缆内的通信光纤进行保护，尤其要充分考虑其在工作过程中可能遭遇的最大弯曲半径和拉伸应变，以确保其安全。

7.2.5 填料

海底电缆内部的填料一般有自由溢流和套装两种类型。在自由溢流类型中，水可以在填料的内部自由流动，以填充内部的空洞或空隙。一般来说，自由溢流型电缆是非常可靠的。套装类型是在外表面上施加一正压强覆盖物，这样，覆盖物中的正压强就可以防止水或其他介质的侵入。同时，正压强覆盖物也可以用作更外面一层的附加支撑。

7.2.6 铠装层

海底电缆的铠装层主要是用于满足如下几种用途的需要：

1）提供返回电流的部分路径。

2）在电缆铺设和操作过程中承担拉伸应力。

3）提供抵御外部环境影响的物理保护。

4）控制电缆弯曲半径，以避免电缆扭结。

5）提高电缆抗磨损特性。

6）提高电缆重量，以改善其动态稳定性。

通常海底电缆采用的是单层铠装，但如果工作现场存在严重磨损或巨大动态荷载的问题，海底电缆就需要采用两层铠装保护。铠装线的节距可根据电缆的刚度和韧性而定。其中，铠装线可由各种金属制成，选材包括铝、青铜和镀锌钢等。考虑到像镀锌钢这样的磁性铠装材料可能会由于产生电路涡流而造成电损耗，在某些情况下可能会需要采用更加昂贵的非磁性不锈钢来代替。另外，腐蚀问题也是在进行电缆铠装设计时需要重点考虑的一个问题，因为腐蚀会对电缆铠装的可靠性和寿命产生极大的影响。

7.2.7　衬套

衬套是海底电缆必不可少的组件之一，主要用于对电缆的防腐、防水和防磨保护。通常海底电缆的衬套包含内衬套和外衬套两种。其中内衬套包裹在绝缘层外面，防止绝缘层进水；外衬套则包裹在铠装层外面，对电缆进行防腐和防磨保护。

在衬套选材方面，海底电缆采用的大多是铅衬套或铝衬套。前者通常用于纸质绝缘高压电缆，以使电缆具有足够的柔韧性和导电性，同时也为电缆提供防水保护。而且，采用铅衬套也可以增加电缆的重量，这有助于电缆在海底潮流较强的环境中部署。但大的重量也会不可避免地增加电缆的铺设张力。与铅衬套相比，铝衬套的优点是其在水密性方面较铅衬套更具优势。

7.3　电网连接设备

7.3.1　海上升压站

海上升压站的主要功能是提升电网电压，以减少电力从潮流能发电场传输到岸上的过程中产生的电力损失。通常，在以下情况下不需要安装海上升压站：

1）项目规模小于100MW。

2）离岸距离小于15km。

3）与电网连接处的电压不高于33kV。

因为现有的潮流能发电项目都满足这些要求，所以他们都没有考虑海上升压站的建造问题。但是，随着未来对潮流资源的大规模开发利用，如何设计和建造适用于潮流能发电场的海上升压站必然会成为一个重要的研究课题。

目前，在海上风场已经安装了很多的海上升压站。这些升压站通常安装在桩式混凝土固定平台上，它们不太适合在深水部署，而潮流能发电机通常是部署在深水中，因此从这个角度讲，对潮流能发电场海上升压站的设计应该在基础设计方面有一些不同的考虑。但在升压站硬件设施配备方面，二者大同小异。一个典型的海上升压站的关键部件通常有变压器、电气隔离开关、备用发电机和电池。

如果要在深水中建设固定桩式基础来支撑海上升压站，其成本可能会非常高昂。因此，对潮流能发电场海上升压站的基础设计基本上会考虑如下两种选择。

选择一：浮式升压站。在此方案中，升压站的所有电气设备都安装在一个浮式平台上面，不会与水有任何直接接触。所以，在升压站设计时，完全可以选用标准的电气设备。而且，整个升压站是漂浮在水上，只要浮台不漏水，整个升压站的运行与维护工作就非常容易。但由于海洋环境的复杂性，浮式升压站在服役期间可能会承受大的波浪荷载。这一因素在浮式升压站结构安全设计时应着重考虑。目前，系泊半潜式浮台和张力腿型浮台是海上升压站浮式基础设计中最常用的两种浮台类型。

选择二：海底升压站。该方案是将升压站的所有设备都直接安装在海床上。从设备荷载计算和升压站精确定位的角度讲，这一方案显然更胜一筹。但从设备安全的角度讲，由于升压站所有电气设备都浸泡在海水中，因此对这些设备进行安全保护就变得非常困难。例如，需将电气隔离开关设备置于充满压力油的密封隔室中。此外，如果水深不是太深，潜水员可以承担操作任务。但如果水深很深，则只能由遥控水下机器人（ROV）来进行操作，这将大大增加项目的运行和维护成本。尤其，海底升压站通常是永久性部署的装备，因此对其可靠性和冗余度的要求也就特别高，这也会不可避免地增加项目的设计和建设成本。

7.3.2 连接器

1. 连接器的类型

顾名思义，连接器的作用是要把电缆和电缆，或者把电缆和装置连接在一起。根据工作环境的不同，连接器的类型可大致分为两种：

1）“干配合”连接器。这种连接器虽然是在水下工作，但其连接和断开操作却是在干燥的空气中进行。换句话说，这种类型的连接器在进行连接和断开操作时，必须依靠船只等工具将其从水中取出，在完成连接或断开操作后，再将其置于水中。所以，其操作不便，操作成本也较高。但它们往往在设计方面比“湿配合”连接器更加先进，而且

制造成本也更低廉；

2）“湿配合”连接器。与“干配合”连接器相比，这种类型连接器的连接或断开操作既可以在干燥的空气中进行，也可以在水下进行。在水下进行连接器连接或断开操作的最大好处就是无须在操作时将连接器从水中取出和在操作后将其向水中重置。如果在浅水中对“湿配合”连接器进行操作的话，相对简单，由潜水员手动操作就可完成。但如果要在深水中进行操作，则需要借助 ROV 才能完成。

2. 连接方法

在设计中，除需要考虑连接器本身的选型外，还需要考虑如何将其连接到电缆上。迄今，人们已发展了以下几种不同的方法来达成这一目标：

1）黏合连接。这是一种最简单、最廉价的终端连接方式。然而，它要求电缆必须被聚氨酯或氯丁橡胶等适于黏合的材料所包覆，而这些适于黏合的材料又通常不宜在海水中长期部署。

2）可在现场进行安装和测试的终端连接。这种连接方式主要用于对脐带终端组件和脐带缆的连接。连接器一般是由一个压力平衡室和每根导体上的滑靴密封所组成。该连接方式的操作通常需要娴熟的技术，所以基本都是由连接器供应商的技术人员在电缆制造商的现场来完成连接，以避免因额外的电缆运输而造成不必要的费用。

3）软管端接方式。对于长度为 300m 以下的跳线而言，最简单的连接形式是使用特殊制造的充油软管来进行。软管与连接器的连接可以采用标准的耦合器或者由连接器制造商自己设计的耦合器来实现。

7.3.3　弯曲加强筋

脐带电缆通常是要连接到一个刚性结构上，如潮流能发电机、海上升压站、接线盒等。受潮流运动和潮流能发电机本身在海波中不停摆动等因素的影响，脐带缆与刚性结构相连接的固定位置处往往会出现比较大的机械应力。再加上脐带缆轴向荷载的影响，脐带缆在这一特殊位置处非常容易由于过度弯曲和疲劳而发生损坏。弯曲加强筋的功能就是为了避免此类损坏的发生。如图 7-9 所示，弯曲加强筋的主体通常是由模制的低模量和高断裂伸长率的聚氨酯弹性体制成，具有锥形外形和中空的内部结构，以允许它滑过脐带缆的末端。

弯曲加强筋的应用可为电缆增加局部刚度，以便将电缆的弯曲应力和曲率限制在安全范围之内。一般来说，弯曲加强筋可分为动态弯曲加强筋和静态弯曲加强筋两种类型。前者是为了保护柔性脐带电缆，以使该类电缆在长期的服役过程中能够得到可靠保护，后者主要用来实现对海底电缆在安装过程中的过弯保护。

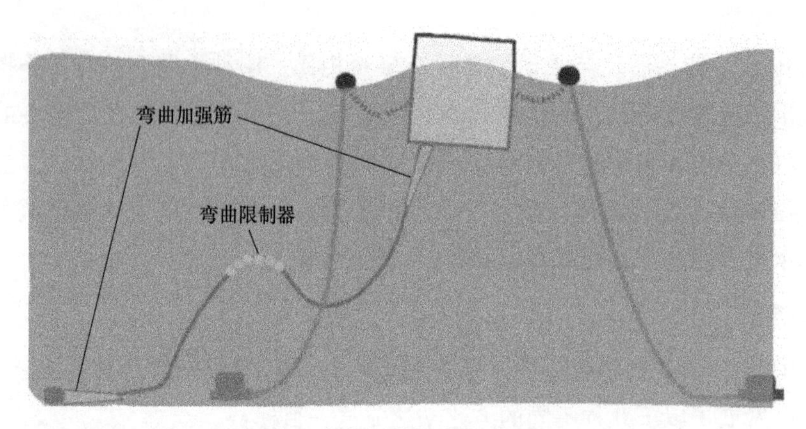

图 7-9　弯曲加强筋和弯曲限制器

7.3.4　弯曲限制器

弯曲限制器主要用来防止由于在脐带电缆与刚性结构的连接界面处因过度弯曲而造成电缆损坏。弯曲限制器主要适用于当电缆承受静态（或准静态）荷载的情况。当电缆承受动态荷载时，弯曲加强筋比弯曲限制器能起到更好的保护作用。弯曲限制器通常是由多个互锁组件组成。这些互锁组件在受到外部荷载作用时会自动铰接在一起，形成一平滑弯曲的具有固定半径的弯曲管道。该固定半径被称为锁定半径，其取值不得小于管道的最小弯曲半径。一旦组件相互锁定，机械弯矩就会传递到这些组件中，并通过特殊设计的钢制接口返回到相邻的刚性连接中，从而实现对电缆的安全保护。

用于制造弯曲限制器组件的材料通常有：

1）元件——结构聚氨酯。

2）元件紧固件——超级双相不锈钢。

3）界面钢结构——高强度结构钢。

结构聚氨酯和超级双相不锈钢紧固件在海水中非常耐腐蚀，无须进行任何防腐保护，而界面钢结构则需要进行防腐保护。

■ 7.4　潮流能发电场并网

由于迄今在国际市场上尚未有投入商业运营的潮流能发电场出现，所以没有成熟的经验可用于评估潮流能发电场并网对整个电网电能质量的影响。尽管之前人们从学术研究的角度，也做了一些前期的探索，但因为这些研究成果尚未在实践中得到实际验证，所以它们无法作为成熟的经验进行广泛推广。出于这个原因，本节只能以部署在北爱尔

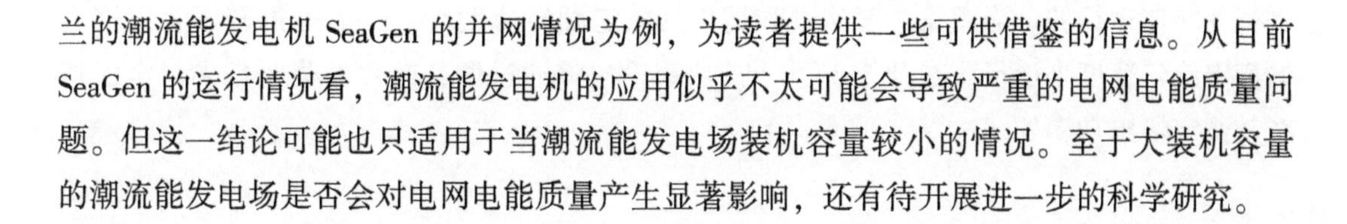

兰的潮流能发电机 SeaGen 的并网情况为例，为读者提供一些可供借鉴的信息。从目前 SeaGen 的运行情况看，潮流能发电机的应用似乎不太可能会导致严重的电网电能质量问题。但这一结论可能也只适用于当潮流能发电场装机容量较小的情况。至于大装机容量的潮流能发电场是否会对电网电能质量产生显著影响，还有待开展进一步的科学研究。

7.4.1　SeaGen 潮流能发电机

英国 MTC 有限公司所开发的一台 1.2MW 双转子潮流能发电机 SeaGen，现部署在北爱尔兰 24m 水深的斯特兰福特湾（Strangford Lough）水域。该潮流能发电机于 2009 年 5 月开始投入运行，它是目前世界上最大的并网型潮流能发电机。SeaGen 采用的是常见的圆柱形钢结构基础，其具有两副转子，分别悬挂在一长为 27m 的横梁的两端，每副转子的直径为 16m。每副转子包含两个叶片，叶片桨距角可在 270°的范围内任意调节。SeaGen 之所以采用如此宽的叶片桨距角调节范围，主要是为了机组即使在洪水和退涨潮情形下，也无须借助额外的偏航系统，便可成功实现过载保护。转子通过行星齿轮箱连接在两个额定功率为 600kW 的异步发电机上。所有这些设备都是完全浸没在海水中进行工作。

发电机的输出端与两个全功率变流器相连，以使其电能输出在经变压器升压前便与电网频率保持同步。其中，全功率变流器和变压器均置于潮流能发电机的中心支柱内。SeaGen 产生的所有电力都通过海底电缆并入当地的 11kV 电网中。其并网示意图如图 7-10 所示。

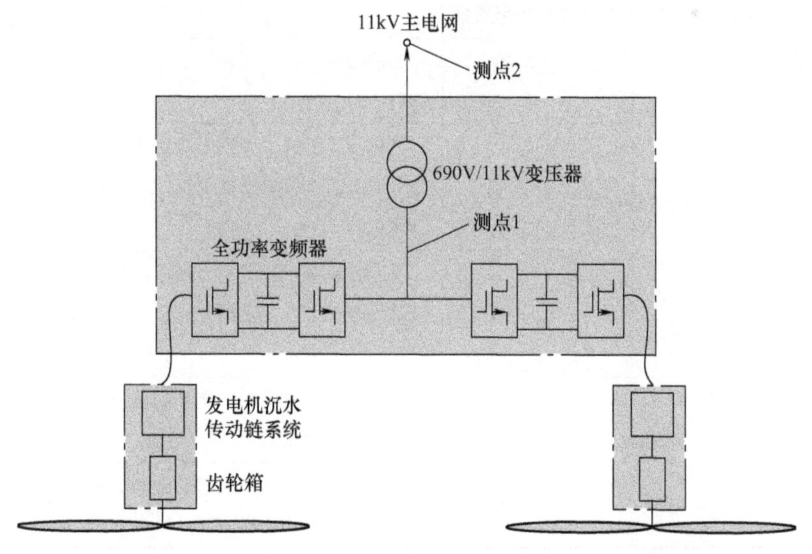

图 7-10　SeaGen 并网示意图

SeaGen 的切入潮流速度为 0.8m/s，其额定潮流速度为 2.5m/s。当潮流速度高于其切入潮流速度，但低于其额定潮流速度时，SeaGen 的转子是根据其预设的功率-速度曲线来进行变转速运行的。当潮流速度达到和高于其额定潮流速度时，SeaGen 的转子将以固定的额定旋转速度来运行。在此情况下，其功率输出将通过调整叶片的桨距角来恒定保持在其额定输出功率处。

7.4.2 SeaGen 电能质量评估

在 SeaGen 部署的海域基本没有较强的潮流湍流出现，而且 SeaGen 部署的位置距离开阔的海域只有 4km，波浪对该位置处潮流速度的扰动也非常微小。所有这些得天独厚的地理优势使得流经 SeaGen 的潮流速度非常平稳，这在很大程度上确保了 SeaGen 能够生产出非常优质的电能。

由于目前还不存在专门用于潮流能发电机电能质量评估的标准，因此对 SeaGen 的电能质量的评估只能参考用于评估风力发电机电能质量的 IEC 61400 - 21 标准。SeaGen 的电能质量评估是通过测试和分析两个测量点得到的电信号来实现的。其中，测点 1 是潮流能发电机的输出终端，从该测点采集的数据用于计算电压的闪变系数，评估系统有功功率、无功功率、电压波动及电压波形畸变参数。测点 2 为变压器的输出端。在该点采集的数据主要用于依据 EN50160 标准来考察 SeaGen 的电力生产对当地电网的影响。表 7-1 总结出了 SeaGen 对局部中压电网影响的 EN50160 评估结果。

表 7-1　SeaGen 对局部中压电网影响的 EN50160 评估结果

参　　数	EN50160（MV）标准	实际测量结果	备　　注	评估结果
频率偏移	-1% ~1% （99.5% 的时间）	+0.40% -0.70%	当评估期不到 1 年时，这些值是最大值和最小值	通过
电压失衡	<2% （99.5% 的时间）	0.57%	造成不平衡的主要原因是用于控制本地电网电压的单相增压器仅在三相中的两相使用	通过
电压波动	-10% ~10% （99% 的时间）	2.92%	从未安装增压器的相上测得的最大电压波动为 5.63%。其他两相电压的波动均小于 2%	通过
电压闪变	$P_{lt}<1$ （99.5% 的时间）	0.40%	SeaGen 接入电网前的电压闪变系数基本保持在 0.2 左右	通过
波形畸变	$U_{THD}<8\%$	1.54%	所测电能信号中无任何谐波分量超过 EN50160 标准规定的限值	通过

在 40 天的测试期间，SeaGen 一共工作了 34 天，总发电量为 186.1MW 时。在测量期间，现场的潮流速度波动范围为 0.9 ~3.8m/s。在半数以上的时间里，潮流能发电机两副转子及与其相连的齿轮箱和发电机都在正常运行，在其他时间里只有一部发电机运行。

在此需要指出的是，SeaGen 采用了冗余设计的思想，即其包含了两套可以独立工作的发电系统，当其中有一套因故障停机时，另一部仍能正常工作。图 7-11 给出了在测试期间得到的 SeaGen 的有功功率和无功功率的 10min 平均值结果。

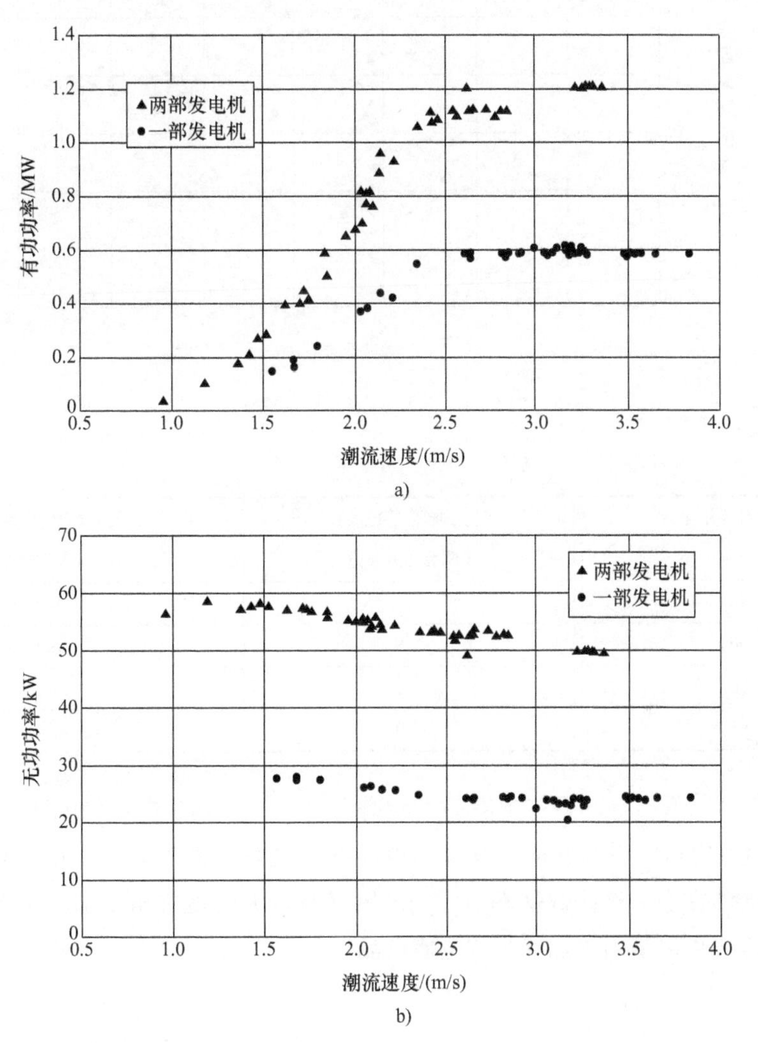

图 7-11　SeaGen 有功功率和无功功率测试结果

a）有功功率　b）无功功率

图 7-12 给出了测试期间 SeaGen 输出的电压波形畸变参数计算结果。根据电能质量标准，中压系统的电压波形畸变最大允许值为 8%，高压系统的电压波形畸变最大允许值为 3%。从图 7-12 中看出，SeaGen 输出的电压波形畸变参数的值完全满足这一标准。

表 7-2 列出了测试期间，当 SeaGen 连续运行时在不同的电网阻抗角度下，根据 IEC 61400－21 标准得到的电压闪变系数的最大值。

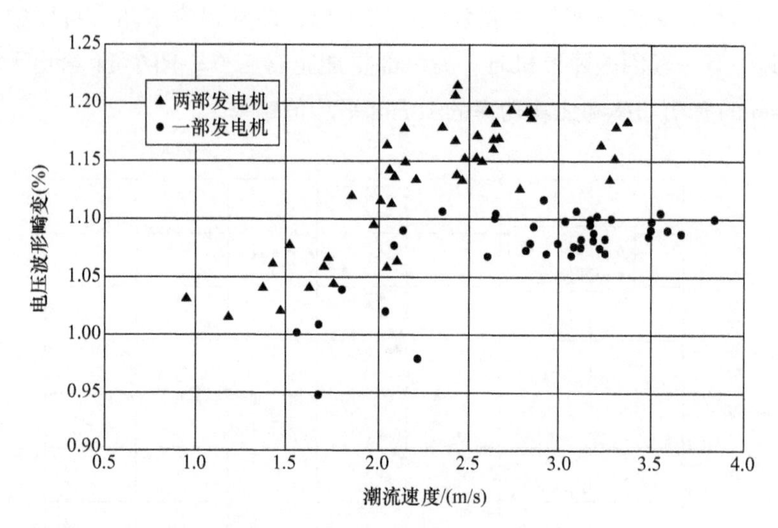

图 7-12　SeaGen 电压波形畸变

表 7-2　电压闪变系数的最大值

电网阻抗角度 (°)	最大电压闪变系数 (两台发电机)	最大电压闪变系数 (一台发电机)
30	5	8.5
50	3.8	6.5
70	2.1	3.5
85	0.9	1.4

从表 7-2 可以看出电网阻抗角度的不断增大，SeaGen 输出电压的闪变系数逐渐减小。尤其是当两台发电机同时运转时，其输出电压的闪变系数最大值会比在只有一台发电机工作时小近 40% 左右。这些数据表明，当电网具有较大的阻抗角度和当两台发电机同时运转时，SeaGen 可以输出更加优质的电能产品。

第 8 章　可靠性与经济性分析

■8.1　潮流能发电机可靠性

8.1.1　潮流能发电机可靠性概述

潮流能发电机组的可靠性问题非常复杂，它与机组的概念设计、结构设计及其运行工作环境等众多因素都有关系。换句话说，采用不同概念设计的潮流能发电机会有不同的可靠性；当采用相同概念设计的潮流能发电机部署在不同的海洋环境下时，甚至即使是部署在同一潮流能发电场阵列的不同位置时，潮流能发电机表现出的可靠性也会有差异。但在根本上，潮流能发电机的可靠性还是主要决定于这些基本的失效模式：①设计或制造缺陷；②材料缺陷；③安装缺陷；④操作或维护不良；⑤环境条件；⑥超速；⑦过载；⑧低周疲劳或荷载冲击；⑨高周疲劳或剧烈振动；⑩组件故障（如电机绕组故障，齿轮箱轴承故障等）；⑪温度过高；⑫碎屑或污垢；⑬化学腐蚀和电腐蚀。

通常，潮流能发电机的工作原理是通过其低速旋转的转子从潮流中捕获能量，将潮流的动能转化为机械能；传动链转速经中速齿轮箱进行升速，然后利用同步感应发电机把传动链中的机械能转换为电能。从发电机输出的电力经过全功率变流器后，其频率与电网频率保持一致。变频后的电力再经潮流能发电机内置变压器进行现场升压。现场升压后的电力再经过海上升压站做进一步升压。最后，通过海底电缆，将经二次升压后的电力从潮流能发电场送至岸上。从此角度讲，虽然潮流能发电机与风力发电机开发的可再生资源不同，工作环境也有差异，但它们在机组结构及传动链设计方面却具有颇多相似之处。因此，二者在可靠性方面也可以彼此借鉴。图 8-1 给出了由欧盟 Upwind 课题组提供的直驱型风力发电机和齿轮传动型风力发电机的可靠性统计数据。图 8-1 中，机组各零部件的可靠性用年故障率来描述。

从图 8-1 所示数据可以看出，与发电机组的机械零部件相比，机组的电气与工业电子控制系统更容易在工作过程中出现故障。另外，需要指出的是，图 8-1 所示结果是基于对

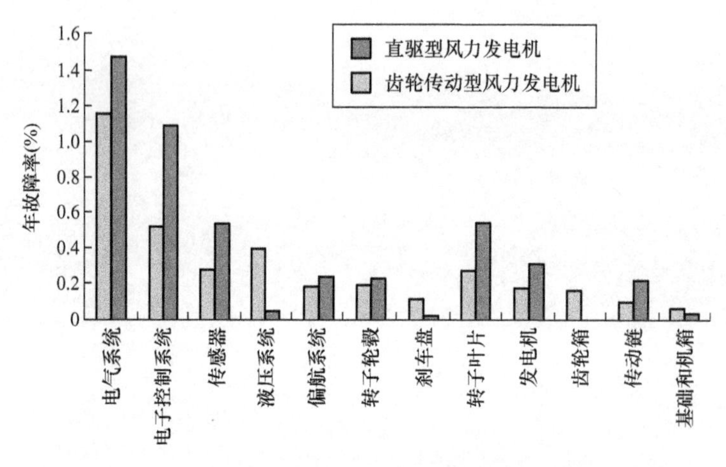

图 8-1　风力发电机零部件的可靠性统计数据

岸上风力发电机可靠性的统计数据得到的，并不是基于海上风力发电机可靠性的统计数据。与岸上相比，毫无疑问，海上和海底的环境将更加恶劣。潮湿且具有强腐蚀性的海上空气必然会对海上风力发电机零部件的可靠性造成更大的影响。而潮流能发电机的零部件是直接置于具有高盐度和强腐蚀性的海水中，可以想象，其零部件的可靠性将比海上风力发电机零部件的可靠性更加糟糕。

8.1.2　主要零部件的可靠性

1. 发电机

表 8-1 列出了从公开文献中获得的不同功率感应发电机的故障率统计信息。从表中可以看出，发电机年故障率最少为 0.0315 次，最多为 0.0980 次。据此，其平均每台发电机平均失效时间间隔（MTBF）最短为 10 年，最长为 32 年。发电机中，具体子组件的可靠性统计数据见表 8-2。

表 8-1　感应发电机年故障率

电机类型	被调查样本规模/(台・年)	调查期间共出现的故障数量	故障率/[次数/(台・年)]	MTBF/年
大型蒸汽涡轮机发电机	762	24	0.0315	32
601 ~ 15000V 感应发电机	4229	171	0.0404	25
功率高于 200 马力的中压和高压感应发电机	5085	360	0.0708	14
功率高于 100 马力的中压和高压感应发电机	41614	1474	0.0354	28
功率高于 11kW 的中压和高压感应发电机	25622	1637	0.0639	16
功率低于 2MW 的风力发电机异步感应发电机	44785	4389	0.0980	10

注：1 [米制] 马力 =735.499W。

表 8-2　从文献中获悉的发电机零部件的可靠性统计数据

电机类型	各零部件故障占电机所有发生故障的比例			
	轴承	发电机定子	发电机转子	其他零件
功率小于 150kW 的低压感应发电机	75%	9%	6%	10%
功率小于 750kW 的低压感应发电机	95%	2%	1%	2%
功率高于 200 马力的中压和高压感应发电机	41%	37%	10%	12%
功率高于 100 马力的中压和高压感应发电机	41%	36%	9%	14%
功率高于 11kW 的中压和高压感应发电机	41%	13%	8%	38%

注：1［米制］马力 =735. 499W。

从表 8-2 可以发现，发电机故障发生的具体部位与发电机的功率、荷载电压等因素都有关系。尤其是发电机定子和转子绕组故障的发生更是决定于发电机的类型和尺寸。例如，低压感应发电机故障多发于轴承；而中、高压感应发电机的轴承故障发生的比例有所下降，但其定子和转子绕组故障发生的比例却有所升高。

2. 齿轮箱

理论上，齿轮箱的故障率与其额定功率、冷却类型、外荷载情况及齿轮箱的级数等因素都有关系。表 8-3 列出了从公开文献中获得的一些有关齿轮箱可靠性的统计数据，由此可以大致推断出潮流能发电机齿轮箱的可靠性。

表 8-3　齿轮箱可靠性

故障率/[次数/(台·年)]	MTBF/h	可靠性（%）
0. 1550	56516	86
0. 2000	43800	82
0. 3000	29200	74

3. 基础和锚系

关于潮流能发电机基础和锚系的可靠性数据极少，表 8-4 列出了一些数据，由此可以大致推断出潮流能发电机基础和锚系的可靠性。

表 8-4　基础和锚系的可靠性

部件类型	故障率/[次数/(部件·年)]	MTBF/h
水泥结构	0. 0011	7963636
桩式固定基础	0. 0011	7963636

（续）

部件类型	故障率/[次数/(部件·年)]	MTBF/h
机舱	0.0011	7963636
横梁结构	0.0011	7963636
铰接钢结构件	0.0022	3981818
海床固定件	0.0022	3981818
漂浮构件	0.0011	7963636
可伸缩机架	0.0090	973333
锚链轭架系统	0.0500	175200
连接件	0.1000	87600
锚系链条	0.0237	370022
锚系钢绳	0.0000	284323320
锚	0.0074	1186250
防腐系统	0.0443	197686

从表8-4所示数据不难看出，潮流能发电机基础和锚系系统的理论平均故障发生周期远远超过整个系统的设计寿命（25～30年）。可以认为相对潮流能发电机组的其他零部件，潮流能发电机的基础和锚系的可靠性是非常高的，一般不会出现故障。

8.2 潮流能发电经济性分析方法

在可再生能源（包括潮流能发电）的经济性评估方法方面，之前人们已经从不同角度出发，提出了一些基本方法。其中，项目整周期成本核算方法是在项目开发早期使用最为普遍的一种项目经济性评估方法。该方法从项目成本投入的角度出发，实现了在项目整个寿命周期内对项目投入的整体评估。该方法的核心思想可表述为

$$LCC = C_1 + C_2 + C_3 + C_4 + C_5 + C_6 \tag{8-1}$$

式中，LCC为项目整周期成本；C_1为概念设计成本；C_2是装置设计和开发成本；C_3是设备制造成本；C_4为设备安装成本；C_5为设备运行和维护成本；C_6为项目服役期满后的设备拆除成本。

对式(8-1)中所述的每一种类型的成本又可细分为很多内容，见表8-5。

表8-5　项目整周期成本LCC构成明细

概念设计成本C_1	装置设计和开发成本C_2	设备制造成本C_3	设备安装成本C_4	设备运行和维护成本C_5	服役期满后的设备拆除成本C_6
市场调查C_{11} 项目管理C_{12} 概念和设计分析C_{13} 项目特殊需求C_{14}	项目管理C_{21} 工程设计C_{22} 设计文案C_{23} 制造方案设计C_{24} 零部件供应商选择C_{25} 质量管理C_{26}	机舱及传动链C_{31} 潮流能发电机基础C_{32} 电力输送组件C_{33}	变压和变频设备安装平台C_{41} 海底电缆C_{42} 用于岸上的地下电缆C_{43} 潮流能发电机安装C_{44}	转子叶片清洗C_{51} 简单预防性维修C_{52} 复杂预防性维修C_{53} 突发故障维修C_{54} 保险及其他必要消耗费用C_{55}	设备停运C_{61} 拆除变压和变频装置平台C_{62} 拆除海底电缆C_{63} 拆除岸上地下电缆C_{64} 拆除潮流能发电机C_{65} 主要废旧零部件回收利用收益C_{66}

表8-5中，

$$C_1 = \sum_{j=1}^{4} C_{1j} \tag{8-2}$$

$$C_2 = \sum_{j=1}^{6} C_{2j} \tag{8-3}$$

$$C_3 = \sum_{j=1}^{3} C_{3j} \tag{8-4}$$

$$C_4 = \sum_{j=1}^{4} C_{4j} \tag{8-5}$$

$$C_5 = \sum_{j=1}^{5} C_{5j} \tag{8-6}$$

$$C_6 = \sum_{j=1}^{6} C_{6j} \tag{8-7}$$

但是，从上述计算方法发现，项目整周期成本核算方法只考虑了项目投资成本的问题，并没有考虑到潮流能发电项目在电力生产过程中的收益问题。于是，有人提出用潮流能发电成本为指标来对潮流能发电的经济性进行评估。潮流能发电成本（COE）的计算为

$$\mathrm{COE} = \frac{C_{\mathrm{CAPEX}} + \sum_{t=1}^{n} C_{\mathrm{OPEX},t}(1+k)^{-t}}{\sum_{t=1}^{n} E_t (1+k)^{-t}} \tag{8-8}$$

式中，COE 为发电成本，即每发一度电的资本投入；C_{CAPEX}为项目先期资本投入，即项目在正式投入发电生产前的投资总额；t 为项目服役时间；n 为项目服役寿命；$C_{\mathrm{OPEX},t}$为项目逐年的运行和保养维护费用，即项目在正式投入发电生产后逐年的生产费用（包括生产管理费用、设备运维费用、保险费用、税收费用、租赁费用、运输费用、银行贷款利息等）；E_t为项目逐年的发电量；k 为项目年均折损率。

显然，与项目整周期成本核算方法相比，用发电成本来评估潮流能发电项目的经济性更加合理。发电成本越低，说明所投资的潮流能发电项目的经济性越好。但是，式(8-8)尚未考虑潮流能发电产品的入网价格的问题。由于世界各地制定的对可再生能源开发的扶持政策有所不同，而且随着可再生能源技术的不断成熟，这些已有的既定政策还可能会出现逐年变化的情况，故在世界各地潮流能发电产品入网价格方面也有所差异，且还可能会逐年不同。所以，在对不同地区的潮流能发电项目的经济性进行评估时，还需要考虑到入网价格的影响。在考虑到这一影响以后，潮流能发电的生产成本计算公式将修正为

$$\mathrm{COE} = \frac{C_{\mathrm{CAPEX}} + \sum_{t=1}^{n} C_{\mathrm{OPEX},t}(1+k)^{-t}}{\sum_{t=1}^{n} E_t R_t (1+k)^{-t}} \tag{8-9}$$

式中，R_t表示潮流能发电逐年的入网价格及政府补贴的总值。

第9章　潮流能开发的环境影响

■ 9.1　背景简介

随着发电机组规模的扩大，潮流能开发对海洋环境带来的影响也成为人们所关心的热点。由于目前相关实测数据的匮乏，我们在这方面的认知仍然有限。2005年，加勒特和卡明斯提出了首尾连接开阔海域的一维水道数学模型，并将叶轮的拖曳力系数作为摩擦力项整合在动量方程中，以此得到了潮流能设备在水道能获得的最大平均功率。而且通过理论推导发现，叶轮最大能引起流速下降29%。2008年，卡斯滕（Karsten）基于布兰奇菲尔德（Blanchfield）和加勒特等人提出的连接海湾与开阔海域的一维水道模型，建立了适用于芬迪湾米纳斯水道的数学模型，并给出了二阶叶轮拖曳力系统的近似解析解。该结果与二维有限元模型FVCOM的模拟结果基本吻合。他们发现当叶轮以最大可获得功率运行时会造成米纳斯水道流速和潮幅值下降超过30%，甚至会导致整个海湾系统的自然频率不断向该区域的主要分潮频率靠近，进而可能引起整个海湾的共振。

理论解析方法虽然能够得到确定性高、精确度高的结果，但是仍然具有很多局限性。一方面难以准确地考量叶轮与流场的相互作用，另一方面难以模拟实际海况的复杂水动力环境。2007年，布赖登（Bryden）与库奇（Couch）将叶轮的激盘理论应用到二维的大尺度海洋模式中来评估叶轮在实际海况中的有效功率。但是由于二维海洋模型都是沿深度积分的，这就导致施加的叶轮拖曳力在垂向是均匀分布的。从物理层面，这与底部摩擦力的概念混淆。与此同时，叶轮尾流场的垂向特征也完全被忽视了，例如拖曳力系数与水深的关系、叶轮垂向的堵塞效应等。川濑（Kawase）与泰因（Thyng）指出考虑斜压水动力环境对于完整地评估叶轮生产效率是非常重要的。2008年，Sun等人将激盘理论应用到三维的计算流体力学（CFD）模型中并准确得到了叶轮的尾迹耗散现象。然而由于CFD模型需要较高的网格精度与计算成本，因此不适用于模拟包含复杂地形与受力的广阔海域。相对而言，为了求解潮流能对海洋环境的影响并对叶轮阵列做出相应的优化，中尺度的海洋环流模型就显得更加合适。

随着计算机技术与数值模式的发展，越来越多研究将叶轮激盘模型嵌套到三维的海洋数值模式中来研究潮流能开发与海洋水动力环境的相互作用，然而这些模型中均未考虑叶轮引起的湍流作用。如伯顿（Burton）等人所述，叶轮引起的湍流不仅会影响到自身的水动力性能，而且会影响叶轮流场尾迹耗散的空间分布。由于叶轮盘面前后的压力差并不能完全被叶轮的动能耗散所平衡，因此有一部分的能量损失由叶轮尾流中的湍流混合作用所补偿。尤其在有壁面限制的水道，这一作用会因为堵塞效应而增强。在海洋模型中忽略这一作用，一方面不能准确模拟出叶轮的尾流恢复效应，另一方面也不能准确得到潮流能叶轮对海洋混合过程的影响。但是由于叶轮引起的湍流的长度与时间尺度远小于海洋模型湍流模式中的湍流长度与时间尺度，因此这一问题至今未得到很好的解决。

本章将总结潮流能开发所潜在的环境影响，主要包括以下几个方面：

1）海洋基底和沉积物运输与沉降的变化。

2）噪声的影响。

3）电磁场的影响。

4）干扰动物运动。

5）碰撞和撞击。

■9.2　海洋基底和沉积物运输与沉降的变化

潮流能项目的安装和运行可通过改变水流和海洋基地，直接取代底栖植物和动物或改变它们的栖息地环境。许多技术的安装需要通过桩或锚将设备固定在海洋底部，并通过埋在海底的电缆向海岸输送电力。电缆可以简单地铺设在底部，或者更有可能被锚定或掩埋以防止移动。大型底部结构将改变水流，这可能导致局部沉积物冲刷和/或沉积。因此，项目的安装将暂时干扰沉积物的沉降，其影响程度将与潮流能设备的数量和类型成比例。

施工船只的临时锚定、挖掘和电力电缆铺设时的沟槽以及永久锚、桩或其他系泊设备的安装都会对海底造成干扰。在受这些活动影响的有限区域内，活动生物将被取代，固着生物将被破坏。如果附近有类似的栖息地，并且这些栖息地还没有达到承载极限，那么流离失所的生物也许能够重新安置。

在项目安装期间，与海底有关的产卵物种或其后代在海底定居和栖息的物种最容易受到干扰。可以预期，建造区域的悬浮沉积物和沉积下降流会暂时增加。当建造完成后，假定海洋基地和栖息地恢复到相似的状态，受干扰的区域很可能被这些相同的生物重新定居。例如，刘易斯（Lewis）等人发现，在建造河口管道后的一年内，蛤蜊和穴居多毛类动物（蠕虫）的数量完全恢复，尽管同期返回觅食的涉禽数量减少。

如果含有电缆的沟渠回填有与先前基底不同大小或成分的沉积物，那么工程项目的安装会较长时间地改变底栖生物的栖息地环境。底部的永久性结构（从锚定系统到安装在海底的发电机或叶轮转子）将支撑现有的栖息地。这些新的结构将取代天然的坚硬基质，或者，在以前是沙地的情况下，增加底栖藻类、无脊椎动物和水生动物可用的坚硬底部栖息地的数量。这可能会吸引一群生活于岩石礁中的鱼类和无脊椎动物。根据具体情况，新建立的栖息地可以增加生物多样性，但也可能引来某些底栖物种而造成生物入侵的负面结果。

在安装和初始运行期间，水质将暂时受到悬浮沉积物（浊度）增加的影响。缺氧沉积物的悬浮可能导致水中溶解氧含量暂时和局部下降，但含氧水流稀释又会使影响最小化。在项目建设和运营期间，水质也可能因为活化了埋藏在地下的含特殊杂质沉积物而受到影响。为安装叶轮、锚固结构及电缆而进行的挖掘工程，可能会释放吸附在沉积物上的污染物，对水质及水生生物构成威胁。对水生生物群的影响可能包括水质的暂时性降解（例如溶解氧含量下降），以及原先被掩埋的污染物（如重金属等）的生物毒性和生物累积。

此外，潮流能发电机叶轮的运转将从水中提取能量，这将降低当地的水流速度。这种水流能量的损失反过来会改变沉积物的输送，所以新结构的存在至少会在局部范围引起水流速度和沉积物输送、侵蚀和沉降的变化，从而改变底栖环境，对该项目指定区域的底栖生物群落组成和物种间关系会产生一定的影响。这种影响可能比锚和电缆安装的影响更加广泛和持久。由于水流的复杂性及其与结构物的相互作用，项目的运行可能会增加局部和远场范围内沉积物的冲刷和沉降。例如，由于速度减小，附着在结构物（例如，转子、桩、混凝土锚块）上的湍流涡旋会立即在下游脱落引起冲刷。一般来说，从水流中提取动能可能会增加叶轮下游的沉淀物沉积，其深度和面积范围将取决于当地地形、沉积物类型以及水流和叶轮的特征。随后沉积物的沉降可能导致水域浅滩化和局部区域沉积物颗粒尺寸的变化。尼尔（Neil）等人发现这一影响的范围可以达到100km^{2}以上。在项目开发过程中应考虑冲刷和沉积问题，但许多可用于发电的高速水道和近岸海洋可能基底上几乎没有沉积物。冲刷和沉积的变化将改变底栖动植物的栖息地。例如，沙子的沉积可能通过增加植物枝条的死亡率和降低植物枝条的生长率来影响海草床，相反，有机物在海洋能源装置尾流中的沉积会促进适应该基质的底栖无脊椎动物群落的生长。从石油和天然气平台脱落的贻贝壳基底可能会形成新的人工礁，吸引大量无脊椎动物（如螃蟹、海星、海参、海葵）和鱼类。贝壳和有机物在该地区的积累取决于波浪和海流的能量、生物群的活动以及许多其他因素。虽然能量转换结构创造的新栖息地可能会增加无脊椎动物的数量和多样性，但被人工结构吸引过来的鱼类的捕食活动会大大减少底栖生物的数量。

在项目运行期间，系泊或输电电缆沿底部的移动可能是栖息地被破坏的一个持续来源。海葵比起附近以沉积物为主的海底更喜欢电缆这种坚硬的结构。可能特别容易受到电缆移动影响的敏感生境包括大型藻类和海草床、珊瑚及其他生物生境，如虫礁和贻贝丘。关于海洋能源技术埋设电缆的影响的研究很少，但其他埋设电缆和拖网的经验表明了这有可能带来较大的影响，这方面的研究还有待进一步拓展。

9.3 噪声的影响

淡水和海洋动物在生活的许多方面都依赖声音，包括繁殖、进食、捕食和避免危险、交流和导航。因此，在水动力或海洋能量转换装置的安装和运行过程中产生的水下噪声有可能影响这些生物。噪声可能会干扰动物为了交流而发出的声音，或者可能把动物赶出这个地区。如果声音足够严重，那么巨大的声音可能会损害它们的听力或造成死亡。例如，在其他海洋建设活动中，打桩产生的噪声声压级会高到影响海豚和海豹的听力。在正常操作过程中产生的噪声预计不会那么强大，但仍然可能扰乱海洋哺乳动物、海龟的行为。动物行为或生理压力的改变可能导致觅食效率降低、附近栖息地被遗弃、繁殖减少和死亡率增加——所有这些都可能对个体和种群产生不利影响。

施工和运转产生的噪声可能会干扰使用近海和潮间带环境的海鸟。滨鸟将受到陆上建设和作业的干扰，导致它们放弃繁殖地。海豹、海狮和海象等鳍足类动物可能会因为安装过程中的噪声和其他干扰活动而放弃用于繁殖的岸上场所。另一方面，一些海洋哺乳动物和鸟类可能会被水下的声音、灯光或猎物数量的增加所吸引。水环境中有许多声声和噪声来源，自然来源包括风、波浪、地震、降水、破冰、哺乳动物和鱼类发声，人类产生的海洋噪声来自娱乐、军事、商业船只交通、疏浚、建筑、石油钻探和生产、地球物理调查、声呐、爆炸。这些声音中的许多将出现在新能源开发领域，潮流能发电机叶轮的噪声应该在这些声音背景下考虑。这些能源技术产生的额外噪声可能来自装置的安装和维护、内部机械的运动、波浪撞击浮标、水流在系泊和传输电缆上的运动、多个单元阵列的同步和附加非同步声以及利用水声技术进行的环境监测。

关于海洋能量转换结构的建造和运行所产生的声级信息很少。汤姆森（Thomsen）等人的报告指出，打桩活动在宽频带（20~20000Hz）上产生短暂但非常高的声压级，单脉冲持续时间约为50~100ms，每分钟大约发生30~60次。通常需要1~2h才能把一根桩打到底部。在水面上方打桩时产生的声音从空气和桩的水下部分进入水中，然后通过水体进入到沉积物。直径越大，桩越长，打入海底需要的能量就越多，这就导致了更高的噪声水平。打桩声虽然强烈且具有潜在的破坏性，但仅在安装一些海洋和流体动能装置时才会出现。

在运行过程中，设备齿轮箱、发电机和其他运动部件的振动会以声音的形式辐射到周围的水中。风电场运行期间的噪声强度比建设期间的噪声强度低得多，对于水动力和海洋能源农场也可能如此。然而，这种噪声源将是连续的。

2008 年，海洋可再生能源公司（ORPC）对其 1/3 比例的潮汐能转换装置原型运作所产生的水下噪声进行了测量。该装置是一个独立的水平轴叶轮装置，由两个设计先进的叶轮驱动一个永磁发电机。一个校准频率范围为 20 ~ 250000Hz 的全向水听器被用于叶轮悬挂的驳船附近以及距叶轮大约 15m 处进行近场测量。在距离驳船 2.0km 的地方也进行了多次远场测量。噪声测量在一个完整的潮汐周期内进行，随后进行了补充测量。当汽轮发电机组不运行时，背景噪声为 112 ~ 138dB。当叶轮叶片旋转时（转速为 52r/min），在水平距离为 15m、水深为 10m 处，单次测量的结果估计为 132dB 和 126dB。除了单个机器运行产生的声强和频谱外，噪声的影响还取决于叶轮阵列所在的地理位置（水深、基底类型）、叶轮数量和阵列的布置。

可能与生物效应有关的声信号特征包括频率含量、上升时间、压力和粒子速度时间序列、零到峰和峰到峰的振幅、均方振幅、持续时间、持续时间内均方振幅的积分、声暴露水平和重复频率。这些声音特征中的每一个都可能对不同的水生动物物种产生不同的影响，但是这些关系并不能很好地理解，很难确定哪些是最重要的。

如果水下噪声的频率和强度在特定物种的听觉范围内，它们就能被鱼类和海洋哺乳动物探测到。内德威尔（Nedwell）等人汇编了一些水生生物的听力图，如果产生的声音频率超过给定物种听力图上的声压级，生物体将能够检测到声音。海洋鱼类对声音的敏感度范围很广，例如，鲱鱼对声音非常敏感，这是因为它们的鳔和听觉器官的结构，而没有鳔的鲽鱼对声音相对不敏感。水下生物对接收到的声音的可能反应包括改变行为，例如吸引、回避、干扰正常活动。或者，如果强度足够大，生物的听力会受到损伤甚至生物死亡。穆尔（Moore）和克拉克（Clarke）观测了灰鲸对与近海油气开发和船只航行相关的噪声的反应。灰鲸的反应包括游泳速度和方向的变化以避开声源、突然但暂时停止进食、呼叫率和呼叫结构的变化以及海底行为的变化。他们报告说，当连续噪声水平超过约 120dB 时，以及当间歇噪声水平超过约 170dB 时，灰鲸回避的概率为 0.5。他们几乎没有发现证据表明灰鲸会因为这种性质的噪声而远行或长时间受到干扰。

韦尔加特（Weilgart）回顾了海洋噪声对鲸目动物（鲸鱼、海豚、鼠海豚）影响的文献，重点关注水下爆炸、航运、石油和天然气行业的地震勘探以及海军声呐作业。她指出，令人厌恶的噪声可能会促使鲸目动物过快浮出水面，这种快速减压会导致氮气过饱和，并随后在其组织中形成气泡（栓塞）。其他不利的（但不是直接致命的）影响可能包括压力水平的增加、重要栖息地的放弃、重要声音的掩盖，以及可能导致觅食效率或交配机会降低的发声行为的改变。韦尔加特指出，鲸目动物对海洋噪声的反应在物种、年龄类别和行为状态之间有很大的差异，许多明显的噪声耐受性的例子都有记录。

麦考利（McCauley）等人研究了绿海龟（chelonia mydas）和红海龟（caretta caretta）对用于海洋地震勘测的气枪声音的反应。他们发现，在166dB的噪声水平以上，海龟的游泳活动明显增加，在175dB的噪声水平以上，它们的行为变得更加不稳定，这可能表明海龟处于焦虑状态。另一方面，韦尔（Weir）在地球物理地震勘测中未能探测到气枪发出的声音对海龟的影响。笼养乌贼（sepioteuthis australis）对气枪表现出强烈的惊吓反应，接收到的水平为174dB。当声音水平升高时（而不是附近突然启动），鱿鱼表现出行为反应（例如快速游泳）。

关于海洋和水动能技术产生的噪声对鲸目动物、针足类动物、海龟和鱼类的影响，存在相当大的信息差距。这些设备的声级尚未测量，但安装过程可能会产生比运行阶段更多的噪声。噪声影响的解决需要下列信息：设备的声学特征（例如，在整个频率范围内的声压级）的信息，单个单元和多个单元阵列的信息，项目附近环境噪声的类似特征，居住在该区域的哺乳动物和海洋哺乳动物的听觉灵敏度（例如听力图）的信息，以及对人为噪声的行为反应的信息（例如，回避、吸引、改变成群游动习性或迁移路线）。西蒙兹（Simmonds）等人介绍了可以开展的现场监测类型，以获取关于各种活动产生的水下噪声影响的信息。这些研究包括海洋哺乳动物活动检测与施工和运营期间的声级监测，且两者同时进行。需要基于背景噪声的测量来评估能源生产的额外影响。测量阵列中单个单元和多个单元产生的声学特性非常重要，因为阵列可能会产生同步或异步的附加噪声。运行监测将量化各种海洋和河流条件下的整个声音频率范围内的声压级，以评估气象、水流强度和波高条件如何影响声音产生和声音掩蔽。监测工作还应考虑海洋污垢对噪声产生的影响，特别是与系泊缆有关的噪声。

9.4　电磁场的影响

水下电缆用于在阵列中的机组之间（机间电缆）、阵列和水下升压变压器之间（如果是设计的一部分）以及从变压器或阵列到海岸之间的电力传输。奥曼（Ohman）等人将海底电缆分为以下几种类型：电信电缆、高压直流电缆、交流三相电力电缆和低压电缆。所有类型的电缆都会向周围的水中发出电磁波。通过电缆的电流将在附近产生感应磁场，当动物通过磁场时，磁场又会产生次级电场。

一些鬣蜥、鲨鱼、鳐鱼具有特殊的组织，它们能够探测到电场（例如，电接收），这种能力使它们能够探测到猎物、潜在的捕食者和竞争者。据报道，有两种亚洲鲟鱼在变换电场时改变了它们的行为。其他鱼类（如鳗鱼、鳕鱼、大西洋鲑鱼、猫鱼、白鲑）也会对地磁辐射相关的感应电压梯度做出反应，但它们的电敏感性似乎不是基于与鲨鱼相同的机制。

巴拉耶夫（Balayev）和富尔萨（Fursa）在实验室观察了23种海洋鱼类对电流的反

应。暴露于0.6~7.2V/m范围内的电场后，鱼类会发生可见反应，并且该变化取决于电场的种类和方向。恩格尔（Enger）等人发现，欧洲鳗鲡（安圭拉鳗鲡）暴露在电压梯度约为4~6V/m的直流电场中时，心率会降低。相比之下，罗梅尔（Rommel）和麦克拉夫（McCleave）观察到美国鳗鱼的反应电压阈值（0.07~0.67V/cm）低得多。他们测量出鳗鱼的电敏感度在大西洋的许多海流中至少为0.10V/cm，在墨西哥湾流中高达0.46V/cm。马拉（Marra）发现当鲨鱼穿过电缆感应的磁场时，电缆产生了一个电场，鲨鱼的反应是攻击和咬电缆。虽然无法识别引发攻击的特定刺激，但是在近距离范围内，鲨鱼会将电场的电刺激解读为猎物，然后攻击猎物。

许多陆生和水生动物能够感受到地球的磁场，并似乎利用这种磁敏感性进行长距离迁移。其长距离迁移或空间定向似乎涉及磁接收的水生物种包括鳗鱼、多刺龙虾、橡皮鱼、海龟、虹鳟鱼、金枪鱼和鲸目动物。由于一些水生物种利用地球的磁场在水中导航或定位，那么海上电力项目中电缆产生的磁场有可能破坏这些运动。

9.5 干扰动物运动

潮流能开发将为河流和海洋增加新的结构，可能会影响水生生物的移动和迁移。水动力装置及其相关的锚和缆绳可以吸引或排斥动物，或者干扰它们的运动。除了海底结构（如锚、叶轮）之外，许多海洋能源设备将使用系泊缆将海洋发电机连接到海底，使用输电线路将多个设备相互连接并连接到海岸线。从海洋结构延伸到海洋的系泊和输电线将在远洋区产生新的海洋吸引装置，对一些生物造成碰撞纠缠的威胁，并可能改变海洋动物的局部移动和长距离迁移。

船底的锚和其他永久性结构将创造新的栖息地，因此可能成为人工礁。人工鱼礁的建造往往是为了增加鱼产量，但一些研究表明，人工鱼礁可能不如天然鱼礁有效，甚至可能通过刺激过度捕捞和过度开发而对鱼礁种群产生有害影响。同样，远洋区的新结构（例如用于海洋装置的桩或系泊缆）可能成为聚集或者吸引鱼类的新栖息地。众所周知，海龟也会被漂浮的物体吸引。鱼把这些装置作为物理结构或者庇护所，并可能以附着在这些结构上的生物为食。夜间用来区分建筑物的人工照明也可能吸引水生生物。

如果大型潮流能开发项目位于水生生物的迁移路线上，设备相关的水下结构、系泊缆和传输电缆都可能会干扰海洋动物（例如，幼年和成年鲑科动物、珍宝蟹、中吻鲟、眼镜蛇科动物、海龟、海洋哺乳动物、鸟类）的长距离迁移。在美国太平洋海岸，海洋能开发项目对灰鲸的影响可能特别令人担忧，因为它们在海岸线2.8km内迁徙。贝勒特（Boehlert）等人指出，在俄勒冈州海岸附着在商业蟹池上的浮标已经成为灰鲸面临的主要威胁。许多海洋物种在海洋中长距离漂移或主动迁移都有可能与海洋能源开发发生相互作用。溯河鱼类（例如，中吻鲟、鲑鱼、虹鳟）和降河鱼类（例如，鳗鱼）通过河流和海洋迁移，因此可能在河流和海洋能源项目中遇到漂浮的水动力装置。

大型浮游水母（以及活跃游动的海龟和海洋哺乳动物）与缆绳的纠缠，是在远洋区使用系泊缆的能源技术的一个潜在问题。细的系泊缆预计比粗的系泊缆更危险，因为它们更容易造成撕裂和缠结，松弛的系泊缆也比绷紧的系泊缆更容易造成缠结。

米歇尔（Michel）等人观察到，较小的海豚和针足类动物可以很容易地在系泊缆周围移动，但较大的鲸鱼可能很难通过一个有许多密集绳索的能源设施。胸鳍或鳃丝相对较大的海洋物种可能相对更容易受到系泊缆的影响。贝勒特等人认为，鲸鱼可能感觉不到系泊缆的存在，因此可能会撞击它们或缠绕在一起。此外，他们认为，如果电缆密度足够大，间距很近，则电缆可能会产生“墙效应”，迫使鲸鱼围着它们转，从而改变它们的迁徙路线。鲸鱼和海豚群体捕食行为可能比单独个体面临更大的风险，因为“地面反应”可能导致一些个体跟随其他个体进入危险。部署在海龟筑巢海滩附近的潮流能设备有可能干扰幼海龟的离岸迁徙。一些海洋鱼类在特定地点或时间形成产卵群体，产卵的成功对种群的生存能力很重要，因此潮流能站点的选址和运行需要避免干扰这些活动。

9.6　碰撞和撞击

水下结构对水生生物和潜水鸟具有碰撞危险，而水上结构的组成部分可能对飞行动物具有危险性。威尔逊（Wilson）等人将“碰撞”定义为设备或其压力场与生物体之间可能导致生物体受伤的物理接触。他们指出，动物和固定的水下结构、系泊设备、水面结构、水平轴和垂直轴叶轮，以及通过各自设计或组合可能形成陷阱的结构之间可能会发生碰撞，对动物种群的有害影响可能直接发生。建筑物附近的生物群落对海洋哺乳动物和其他掠食者的吸引也可能使它们碰撞结构物的风险增加。为了降低海洋可再生能源装置的碰撞风险，威尔逊等人回顾了其他工业和自然活动的相关研究，发现叶轮旋转是与海洋脊椎动物碰撞最为直接的危险来源。

潮流能设备通过旋转叶片提取动能。各种各样的水生动物（如鱼类、海龟、飞鸟、鲸目动物、海豹、水獭）可能会被叶片击中而受伤或死亡。死亡率是打击概率和打击力量的函数。攻击的严重程度与动物的游泳能力（即躲避刀片的能力）、水流速度、叶片数量、叶片设计（即前缘形状）、叶片长度和厚度、叶片间距、叶片运动（旋转）速度以及动物攻击的转子部分有关。垂直轴叶轮沿整个叶片具有相同的前缘速度，而水平轴叶轮上的叶片速度从轮毂向外增加到叶尖。打击的力量应该与打击速度成正比，通常来说，打击造成伤害的可能性最大的是转子的外围。但可惜的是，目前几乎没有人知道对大多数海洋和淡水生物造成伤害的冲击力的大小和生物可能用来避免撞击的游泳行为（例如，爆发速度)。

威尔逊等人介绍了一个简单的模型来估计水生动物进入潮流能水轮机的概率。该模式基于动物的密度和转子扫过的水量。水轮机扫过的体积可以由转子的半径以及叶轮转速来估计。他们强调，他们的模型预测的是动物进入转子扫过区域的概率，而不是碰撞。进入通向转子的路径可能会导致碰撞，但前提是动物没有采取规避动作，或者没有感觉到发电机的存在从而未能避免碰撞。将这一简化模型（没有回避或躲避动作）应用于假设的100台发电机，每台机组都有一个直径为16m的双叶片转子，他们预测苏格兰海岸附近2%的鲱鱼种群和3.6%～10.7%的海豚种群会遇到旋转叶片。目前，还没有关于海洋动物在何种程度上能感觉到机组的存在、采取适当的规避动作或在碰撞中受伤的相关研究。海洋生物可能在一定距离内看到或听到该装置，并避开该区域，或者当它们在更近的距离内时，可能通过躲避或转向来逃离该结构。

叶片旋转的潜在有害影响已与船舶螺旋桨进行了比较，后者在水生环境中很常见。弗伦克尔（Fraenkel）指出，位于良好位置的潮流能水轮机将从水流中吸收大约$4kW/m^2$的能量，而典型的船舶螺旋桨将释放超过$100kW/m^2$的能量到水体中。除了更大的功率密度之外，船的螺旋桨和船体还会产生吸力，将物体拉向它们，增加撞击的可能性。

附录 缩略词

缩略词	英文全称	中文名称
PMSG	Permanent Magnet Synchronous Generator	永磁同步发电机
DFIG	Double-fed Induction Generator	双馈异步发电机
SCIG	Squirrel Cage Induction Generator	笼型异步发电机
SG	Synchronous Generator	同步发电机
VOC	Voltage Oriented Control	电压定向控制
VFOC	Virtual Flux Oriented Control	虚拟磁通量控制
DPC	Direct Power Control	直接功率控制
VF-DPC	Virtual Flux-Direct Power Combined Control	虚拟磁通量与直接功率组合控制
SVM	Space Vector Modulation	空间矢量调制
DPC-SVM	Direct Power-Space Vector Modulation Combined Control	直接功率与空间矢量调制组合控制
PI	Proportional Integral	比例积分
MPPT	Maximum Power Point Tracking	最大功率点跟踪
TSP	Tip Speed Ratio	叶尖速度比（简称尖速比）
HVDC	High Voltage Direct Current	高压直流
AC	Alternating Current	交流
DC	Direct Current	直流
XLPE	Cross-linked Polyethylene	交联聚乙烯
EPR	Ethylene Propylene Rubber	乙烯-丙烯橡胶

ROV	Remotely Operated Vehicle	遥控水下机器人
MTBF	Mean Time Between Failures	平均失效时间间隔
COE	Cost Of Energy	发电成本
CAPEX	Capital Expenditure	资本性支出
OPEX	Operational Expenditure	运营成本

参考文献

[1] 麻常雷，夏登文，王萌，等. 国际海洋能技术进展综述 [J]. 海洋技术学报，2017，36（4）：70－75.

[2] 王世明，任万超，吕超. 海洋潮流能发电装置综述 [J]. 海洋通报，2016，35（6）：601－608.

[3] KAMOJI M A，KEDARE S B，PRABHU S V. Performance Tests on Helical Savonius Rotors [J]. Renewable Energy，2008，12（3）：12－20.

[4] 史宏达，王传崑. 我国海洋能技术的进展与展望 [J]. 太阳能产业论坛，2017（3）：30－37.

[5] International Electrotechnical Commission. Marine Energy-Wave，Tidal and Other Water Current Converters-Part 101：Wave Energy Resource Assessment and Characterization：IEC 62600－101—2015 [S]. Germany Berlin：VDE Verlag GmbH，2015.

[6] XIA J，FALCONER R A，LIN B，et al. Impact of Different Operating Modes for A Severn Barrage on The Tidal Power and Flood Inundation in The Severn Estuary，UK [J]. Applied Energy，2010，87（7）：2374－2391.

[7] 王传崑，卢苇. 海洋能资源分析方法及储量评估 [M]. 北京：海洋出版社，2009.

[8] 尔勃伯恩斯坦. 潮汐电站 [M]. 电力部华东勘测设计研究院，译. 杭州：浙江大学出版社，1996.

[9] 陈金瑞. 厦门湾海域及金门水道潮流能特征分析 [J]. 海洋通报，2013（6）：43－49.

[10] 夏军强，林斌良. 潮汐电站水力计算的二维精细模型 [C] //中国可再生能源学会. 中国可再生能源学会 2011 年学术年会论文集. [出版地不详]：[出版者不详]，2011.

[11] NEKRASOV A V，ROMANENKOV D A. Impact of Tidal Power Dams Upon Tides and Environmental Conditions in The Sea of Okhotsk [J]. Continental Shelf Research，2010，30（6）：0－552.

[12] 韩家新. 中国近海海洋：海洋可再生能源 [M]. 北京：海洋出版社，2014.

[13] GOLDWAG E，POTTS R. Energy Production [C]. //Insitituition of Civil. Engineers. Developments in Tidal Energy，Proceedings of The Third Conference on Tidal Power Organized by The Institution of Civil Engineers. London：Thomas Telford，1989.

[14] 吕新刚，乔方利. 海洋潮流能资源估算方法研究进展 [J]. 海洋科学进展，2008，26（1）：98－108.

[15] 王传崑，施伟勇. 中国海洋能资源的储量及其评价 [C] //中国可再生能源学会海洋能专业委员会. 中国可再生能源学会海洋能专业委员会成立大会暨第一届学术讨论会论文集. [出版地不详]：[出版者不详]，2008.

[16] 侯放，于华明，鲍献文. 基于高分辨率数值模型的舟山群岛海域潮流能资源分析 [C] //中国可再生能源学会. 中国可再生能源学会 2011 年学术年会论文集. [出版地不详]：[出版者不详]，2011.

[17] 孙湘平. 中国近海区域海洋 [M]. 北京：海洋出版社，2006.

[18] 罗续业，夏登文. 海洋可再生能源开发利用战略研究报告 [M]. 北京：海洋出版社，2014.

[19] 匡国瑞，周德坚. 成山角潮流能的初步估算 [J]. 海洋技术，1987（2）：46－50.

[20] 郑志南. 海洋潮流能的估算 [J]. 海洋通报，1987（4）：72－77.

[21] 武贺，赵世明，徐辉奋. 成山头外潮流能初步估算 [J]. 海洋技术，2010（3）：101－103.

[22] 何世钧．舟山地区潮流特性和能量参数［J］．能源工程，1982（4）：3－7.

[23] 王智峰，周良明，张弓贲，等．舟山海域特定水道潮流能估算［J］．中国海洋大学学报（自然科学版），2010，40（8）：27－33.

[24] 武贺，赵世明，张松．老铁山水道潮流能初步估算［J］．海洋通报，2011（3）：73－77.

[25] 吴伦宇，王兴，熊学军．渤海海峡潮流能高分辨率数值估算［J］．海洋科学进展，2013（1）：16－25.

[26] 吕新刚，乔方利，赵昌，等．海洋潮流能资源的数值估算——以胶州湾口为例［J］．太阳能学报，2010（31）：137－143.

[27] GARRETT C，CUMMINS P. The Power Potential of Tidal Currents in Channels [J]. Proceedings of The Royal Society A：Mathematical，Physical and Engineering Sciences，2005，461（2060）：2563－2572.

[28] GARRETT C，CUMMINS P. Generating Power From Tidal Currents [J]. Journal of Waterway Port Coastal & Ocean Engineering，2004，130（3）：114－118.

[29] VENNELL R，FUNKE S W，DRAPER S，et al. Designing Large Arrays of Tidal Turbines：A Synthesis and Review [J]. Renewable & Sustainable Energy Reviews，2015（41）：454－472.

[30] VENNELL R. Realizing The Potential of Tidal Currents and The Efficiency of Turbine Farms in A Channel [J]. Renewable Energy，2012（47）：95－102.

[31] VENNELL R. Estimating The Power Potential of Tidal Currents and The Impact of Power Extraction on Flow Speeds [J]. Renewable Energy，2011，36（12）：3558－3565.

[32] 杨永增，乔方利，赵伟，等．球坐标系下 MASNUM 海浪数值模式的建立及其应用［J］．海洋学报（中文版），2005（2）：2－8.

[33] 许富祥．海浪预报知识讲座［J］．海洋预报，2002（9）：74－79.

[34] 江兴杰，滕涌，王道龙．波浪能资源评估方法研究及试验分析［C］//国家海洋技术中心，国家海洋局．第一届中国海洋可再生能源发展年会暨论坛论文集．［出版地不详］：［出版者不详］，2012.

[35] PANICKER N. Energy From Ocean Surface Waves [J]. Ocean Energy Resources，1977（1）：43－67.

[36] EBUCHI N，KAWAMURA H. Validation of Wind Speeds and Significant Wave Heights Observed by The TOPEX Altimeter Around Japan [J]. Journal of Oceanography. 1994，50（4）：479raphy.

[37] 胡以怀，纪娟．海水盐差能发电技术的试验研究［J］．能源工程，2009（5）：22－25.

[38] 吴文，蒋文诰．我国海水温差能资源蕴藏量和可开发量估算［J］．海洋工程，1998（1）：82－91.

[39] 罗续业，夏登文，等．中国海洋能近海重点区资源特性与评估分析［M］．北京：海洋出版社，2017.

[40] 张理，李志川．潮流能开发现状、发展趋势及面临的力学问题［J］．力学学报，2016，48（5）：1019－1032.

[41] HU Q，LI Y，DI Y，et al. A Large-Eddy Simulation Study of Horizontal Axis Tidal Turbine in Different Inflow Conditions [J]. Journal of Renewable and Sustainable Energy，2017，9（6）：064501.

[42] 张亮，尚景宏，张之阳．潮流能研究现状 2015 究现水动力学［J］．水力发电学报，2016，35（2）：1－15.

[43] DOUGLAS C A, HARRISON G P, CHICK J P. Life Cycle Assessment of The SeaGen Marine Current Turbine [J]. Proceedings of The Institution of Mechanical Engineers, Part M: Journal of Engineering for The Maritime Environment, 2008, 222 (1): 1-12.

[44] 周明，孙树栋. 遗传算法原理及应用 [M]. 北京：国防工业出版社，1999.

[45] KINSEY T, DUMAS G, LALANDE G, et al. Prototype Testing of A Hydrokinetic Turbine Based on Oscillating Hydrofoils [J]. Renewable Energy, 2011, 36 (6): 1710-1718.

[46] 盛其虎，张亮，邢宏岩. 流水摆式发电系统数值仿真 [J]. 电力系统自动化，2010，34 (14): 37-42.

[47] MEHMOOD N, LIANG Z, KHAN J. Diffuser Augmented Horizontal Axis Tidal Current Turbines [J]. Research Journal of Applied Sciences, Engineering and Technology, 2012, 4 (18): 3522-3532.

[48] 张亮，孙科，罗庆杰. 潮流水轮机导流罩的水动力设计 [J]. 哈尔滨工程大学学报，2007，28 (7): 734-737.

[49] 冯秀丽，沈渭铨. 海洋工程地质专论 [M]. 青岛：中国海洋大学出版社，2006.

[50] 王琦，朱而勤. 海洋沉积学 [M]. 北京：科学出版社，1989.

[51] POULOS HG. Marine Geotechnics [M]. London: Unwin Hyman Ltd., 1988.

[52] 高国瑞. 近代土质学 [M]. 北京：科学出版社，2013.

[53] 常士骠，张苏民. 工程地质手册 [M]. 北京：中国建筑工业出版社，2007.

[54] BISHOP A W, BJERRUM L. The Relevance of The Triaxial Test to The Solution of Stability Problems [M]. Oslo, Norway: Norwegian Geotechnical Institute Publish, 1960.

[55] BJERRUM L. Problems of Soil Mechanics and Construction on Soft Clays and Structurally Unstable Soils [C] //Proceedings of the Eighth International Conference on SMFE. [S. l.]: [s. n.], 1973.

[56] BAKER R. Modeling Soil Variability as A Random Field [J]. Journal of The International Association for Mathematical Geology, 1984, 16 (5): 435-448.

[57] VANMARCKE E H. Probabilistic Modeling of Soil Profiles [J]. Journal of The Geotechnical Engineering Division, 1977, 103 (11): 1227-1246.

[58] CAFARO F, CHERUBINI C. Large Sample Spacing in Evaluation of Vertical Strength Variability of Clayey Soil [J]. Journal of Geotechnical and Geoenvironmental Engineering, 2002, 128 (7): 558-568.

[59] PHOON K K, QUEK S T, AN P. Geostatistical Analysis of Cone Penetration Test (CPT) Sounding Using The Modified Bartlett Test [J]. Canadian Geotechnical Journal, 2004, 41 (2): 356-365.

[60] 孟令福. 微型十字板的应用实践 [J]. 水文地质工程地质，2004，31 (5): 112-112.

[61] SEED H B, IDRISS I M. Simplified Procedure for Evaluating Soil Liquefaction Potential [J]. Journal of The Soil Mechanics and Foundations Division, 1971, 97 (9): 1249-1273.

[62] SEED H B, CHAN C K. Clay Strength Under Earthquake Loading Conditions [J]. Journal of Soil Mechanics and Foundations Division, 1966, 92 (2): 53-78.

[63] ANDERSEN K H, ROSENBRAND W F, BROWN S F, et al. Cyclic and Static Laboratory Tests on Drammen Clay [J]. Journal of The Soil Mechanics and Foundations Division, 1980, 106 (5): 499-529.

[64] ANDERSEN K H, LAURITZSEN R. Bearing Capacity for Foundations With Cyclic Loads [J]. Journal of

Geotechnical Engineering, 1988, 114 (5): 540 - 555.

[65] ANDERSEN K H, KLEVEN A, HEIEN D. Cyclic Soil Data for Design of Gravity Structures [J]. Journal of Geotechnical Engineering, 1988, 114 (5): 517 - 539.

[66] BOULANGER R W, IDRISS I M. Evaluation of Cyclic Softening in Silts and Clays [J]. Journal of Geotechnical and Geoenvironmental Engineering, 2007, 133 (6): 641 - 652.

[67] CHEN W, RANDOLPH M F. Uplift Capacity of Suction Caissons Under Sustained and Cyclic Loading in Soft Clay [J]. Journal of Geotechnical and Geoenvironmental Engineering, 2007, 133 (11): 1352 - 1363.

[68] HYODO M, YAMAMOTO Y, SUGIYAMA M. Undrained Cyclic Shear Behaviour of Normally Consolidated Clay Subjected to Initial Static Shear Stress [J]. Soils and Foundations, 1994, 34 (4): 1 - 11.

[69] CHU D B, STEWART J P, BOULANGER R W, et al. Cyclic Softening of Low-Plasticity Clay and Its Effect on Seismic Foundation Performance [J]. Journal of Geotechnical and Geoenvironmental Engineering, 2008, 134 (11): 1595 - 1608.

[70] HANNA A M, JAVED K. Design of Foundations on Sensitive Champlain Clay Subjected to Cyclic Loading [J]. Journal of Geotechnical and Geoenvironmental Engineering, 2008, 134 (7): 929 - 937.

[71] OKUR D V, ANSAL A. Stiffness Degradation of Natural Fine Grained Soils During Cyclic Loading [J]. Soil Dynamics and Earthquake Engineering, 2007, 27 (9): 843 - 854.

[72] ANSAL A M, ERKEN A. Undrained Behavior of Clay Under Cyclic Shear Stresses [J]. Journal of Geotechnical Engineering, 1989, 115 (7): 968 - 983.

[73] AZZOUZ A S, MALEK A M, BALIGH M M. Cyclic Behavior of Clays in Undrained Simple Shear [J]. Journal of Geotechnical Engineering, 1989, 115 (5): 637 - 657.

[74] HYDE A F L, YASUHARA K, HIRAO K. Stability Criteria for Marine Clay Under One-Way Cyclic Loading [J]. Journal of Geotechnical Engineering, 1993, 119 (11): 1771 - 1789.

[75] 沈孝宇，初振环．饱水粘性土主固结理论（续）：主固结过程粘性土含水量与时间的关系 [J]. 地球科学（中国地质大学学报），2009，34（5）：861 - 869.

[76] 胡海英，王钊．含水量对压实粘土的变形及强度性能的影响 [J]. 公路，2007，2（2）：1 - 6.

[77] 陈环，鲍秀清．负压条件下土的固结有效应力 [J]. 岩土工程学报，1984，6（5）：39 - 47.

[78] 邱长林，闫澍旺，孙立强，等．孔隙变化对吹填土地基真空预压固结的影响 [J]. 岩土力学，2013，34（3）：631 - 638.

[79] 叶正强，李爱群，杨国华，等．粘性土的渗透规律性研究 [J]. 东南大学学报，1999（05）：121 - 125.

[80] 谢新宇，朱向荣，谢康和，等．饱和土体一维大变形固结理论新进展 [J]. 岩土工程学报，1997，19（4）：30 - 38.

[81] CARTER J M F. North Hoyle Offshore Wind Farm: Design and Build [J]. Energy, 2007, 160 (1): 21 - 29.

[82] VAN BUSSEL G J W, ZAAIJER M B. Reliability, Availability and Maintenance Aspects of Large - Scale Offshore Wind Farms: A Concepts Study [C] //MAREC 2001 Marine Renewable Energies Conference. Proceedings of Marec. New York: Springer International Publishing, 2001.

[83] 余璐庆. 海上风机桶形基础安装与支撑结构动力特性研究 [D]. 杭州：浙江大学，2014.

[84] MALHOTRA S. Design and Construction Considerations for Offshore Wind Turbine Foundations in North America [C] //Civil Engineering Practice：Journal of the Boston Society of Civil Engineers. ASME the 26th International Conference on Offshore Mechanics and Arctic Engineering. [S. l.]：[s. n.], 2007.

[85] ESTEBAN M D, COUNAGO B, LOPEZGUTIERREZ J, et al. Gravity Based Support Structures for Offshore Wind Turbine Generators：Review of The Installation Process [J]. Ocean Engineering, 2015 (110)：281-291.

[86] 王国粹，王伟，杨敏. 3.6MW 海上风机单桩基础设计与分析 [J]. 岩土工程学报，2011，33 (S2)：95-100.

[87] LOMBARDI D, BHATTACHARYA S, Wood D M. Dynamic Soil-Structure Interaction of Monopile Supported Wind Turbines in Cohesive Soil [J]. Soil Dynamics and Earthquake Engineering, 2013 (49)：165-180.

[88] 周济福，林毅峰. 海上风电工程结构与地基的关键力学问题 [J]. 中国科学：物理学-力学-天文学，2013，43 (12)：1589-1601.

[89] WANG H, CHENG X. Undrained Bearing Capacity of Suction Caissons for Offshore Wind Turbine Foundations by Numerical Limit Analysis [J]. Marine Georesources & Geotechnology, 2016, 34 (3)：252-264.

[90] BAGHERI P, SON S W, KIM J M. Investigation of The Load-Bearing Capacity of Suction Caissons Used for Offshore Wind Turbines [J]. Applied Ocean Research, 2017 (67)：148-161.

[91] ASPIZUA L. Offshore Foundation-A Challenge in The Baltic Sea [D]. Halmstad：Halmstad University, Sweden, 2015.

[92] BAKMAR L B, AHLE K, NIELSEN S A, et al. The Monopod Bucket Foundation：Recent Experiences and Challenges Ahead [C] //European Offshore Wind Conference 2009. European off shore Wind 2009 Conference Proceeding. [S. l.]：[s. n.], 2009.

[93] LI D, ZHANG Y, FENG L, et al. Capacity of Modified Suction Caissons in Marine Sand Under Static Horizontal Loading [J]. Ocean Engineering, 2015 (102)：1-16.

[94] YU H, ZHENG X, LI B, et al. Centrifuge Modeling of Offshore Wind Foundations Under Earthquake Loading [J]. Soil Dynamics & Earthquake Engineering, 2015, 77 (77)：402-415.

[95] BYRNE B, HOULSBY G. Assessing Novel Foundation Options for Offshore Wind Turbines [C]//Anon. World Maritime Technology Conference. London：[s. n.], 2006.

[96] WANG X, YANG X, ZENG X. Centrifuge Modeling of Lateral Bearing Behavior of Offshore Wind Turbine With Suction Bucket Foundation in Sand [J]. Ocean Engineering, 2017 (139)：140-151.

[97] JIA N, ZHANG P, LIU Y, et al. Bearing Capacity of Composite Bucket Foundations for Offshore Wind Turbines in Silty Sand [J]. Ocean Engineering, 2018 (151)：1-11.

[98] WANG X, ZHANG P, DING H, et al. Experimental Study on Wide-Shallow Composite Bucket Foundation for Offshore Wind Turbine Under Cyclic Loading [J]. Marine Georesources & Geotechnology, 2018 (1)：1-13.

[99] LIU M, LIAN J, YANG M. Experimental and Numerical Studies on Lateral Bearing Capacity of Bucket

Foundation in Saturated Sand [J]. Ocean Engineering, 2017 (144): 14 - 20.

[100] VAITKUNE E, IBSEN L B, NIELSEN B N. Bucket Foundation Model Testing Under Tensile Axial Loading [J]. Canadian Geotechnical Journal, 2016, 54 (5): 720 - 728.

[101] VILLALOBOS F A, BYRNE B W, HOULSBY G T. Model Testing of Suction Caissons in Clay Subjected to Vertical Loading [J]. Applied Ocean Research, 2010, 32 (4): 414 - 424.

[102] BARARI A, LBSEN L B. Effect of Embedment on The Vertical Bearing Capacity of Bucket Foundations in Clay [C]. //Pan- AM CGS Geotechnial conference 2011. 2011 Pan- Am CGS Geotechnical Conferencs: 64th Canadian Geotechnical Conference and 14th Pan-American Conference on Soil Mechanics and Engineering, 5th Pan-American Conference on Teaching and Learning of Geotechnical Engineering. Toronto: [s. n.], 2011.

[103] BARARI A, LBSEN L B. Undrained Response of Bucket Foundations to Moment Loading [J]. Applied Ocean Research, 2012 (36): 12 - 21.

[104] VILLALOBOS F A, BYRNE B W, HOULSBY G T. An Experimental Study of The Drained Capacity of Suction Caisson Foundations Under Monotonic Loading for Offshore Applications [J]. Soils and Foundations, 2009, 49 (3): 477 - 488.

[105] FOGLIA A, LBSEN L B, ANDERSEN L V, et al. Physical Modelling of Bucket Foundation Under Long-Term Cyclic Lateral Loading [C]//Anon. Proceedings of the 22nd (2012) International Society of Offshore and Polar Engineers Conference [S. l.]: [s. n.], 2012.

[106] WANG X, YANG X, ZENG X. Lateral Response of Improved Suction Bucket Foundation for Offshore Wind Turbine in Centrifuge Modelling [J]. Ocean Engineering, 2017 (141): 295 - 307.

[107] YANG X, WANG X, ZENG X. Numerical Simulation of The Lateral Loading Capacity of A Bucket Foundation [C] //Geotechnical Frontiers 2017. 2017 American Society of Civil Engineers. Orlando: [s. n.], 2017.

[108] CHOO Y W, KANG T W, SEO J H, et al. Centrifuge Study on Undrained and Drained Behaviors of A Laterally Loaded Bucket Foundation in A Silty Sand [C] //25th International Ocean and Polar Engineers Conference. Kona, Hawaii USA: [s. n.], 2015.

[109] COX J A, O'LOUGHLIN C D, CASSIDY M, et al. Centrifuge Study on The Cyclic Performance of Caissons in Sand [J]. International Journal of Physical Modelling in Geotechnics, 2014, 14 (4): 115.

[110] HUNG L C, KIM S R. Evaluation of Vertical and Horizontal Bearing Capacities of Bucket Foundations in Clay [J]. Ocean Engineering, 2012 (52): 75 - 82.

[111] ZHAN Y, LIU F. Numerical Analysis of Bearing Capacity of Suction Bucket Foundation for Offshore Wind Turbines [J]. Electronic Journal of Geotechnical Engineering, 2010 (15): 633 - 644.

[112] HUNG L C, KIM S R. Evaluation of Undrained Bearing Capacities of Bucket Foundations Under Combined Loads [J]. Marine Georesources & Geotechnology, 2014, 32 (1): 76 - 92.

[113] MEHRAVAR M, HARIRECHE O, FARAMARZI A. Evaluation of Undrained Failure Envelopes of Caisson Foundations Under Combined Loading [J]. Applied Ocean Research, 2016 (59): 129 - 137.

[114] LIU R, CHEN G, LIAN J, et al. Vertical Bearing Behaviour of The Composite Bucket Shallow Founda-

tion of Offshore Wind Turbines [J]. Journal of Renewable and Sustainable Energy, 2015, 7 (1): 013123.

[115] LIU M, YANG M, WANG H. Bearing Behavior of Wide-Shallow Bucket Foundation for Offshore Wind Turbines in Drained Silty Sand [J]. Ocean Engineering, 2014 (82): 169-179.

[116] PARK J S, PARK D, YOO J K. Vertical Bearing Capacity of Bucket Foundations in Sand [J]. Ocean Engineering, 2016 (121): 453-461.

[117] DING H, LIU Y, ZHANG P, et al. Model Tests on The Bearing Capacity of Wide-Shallow Composite Bucket Foundations for Offshore Wind Turbines in Clay [J]. Ocean Engineering, 2015 (103): 114-122.

[118] 鲁晓兵，王义华，张建红，等. 水平动载下桶形基础变形的离心机实验研究 [J]. 岩土工程学报，2005，27 (7)：789-791.

[119] 张建红，孙国亮，严冬，等. 海洋平台吸力式基础的土工离心模拟研究与分析 [J]. 海洋工程，2004，22 (2)：90-97.

[120] BARARI A, IBSEN L B, GHALESARI T A, et al. Embedment Effects on Vertical Bearing Capacity of Offshore Bucket Foundations on Cohesionless Soil [J]. International Journal of Geomechanics, 2016, 17 (4): 04016110.

[121] BAGHERI P, SON S W, KIM J M. Investigation of The Load-Bearing Capacity of Suction Caissons Used for Offshore Wind Turbines [J]. Applied Ocean Research, 2017 (67): 148-161.

[122] EMDADIFARD M, HOSSEINI S M M M. Numerical Modeling of Suction Bucket Under Cyclic Loading in Saturated Sand [J]. Electronic Journal of Geotechnical Engineering, 2010 (15): 1-16.

[123] VAITKUNE E, IBSEN L B, NIELSEN B N, et al. Bucket Foundation Model Testing Under Tensile Axial Loading [J]. Canadian Geotechnical Journal, 2017, 54 (5): 720-728.

[124] LIU R, CHEN G, LIAN J, et al. Vertical Bearing Behaviour of The Composite Bucket Shallow Foundation of Offshore Wind Turbines [J]. Journal of Renewable & Sustainable Energy, 2015, 7 (1): 717-728.

[125] PARK J S, PARK D. Vertical Bearing Capacity of Bucket Foundation in Sand Overlying Clay [J]. Ocean Engineering, 2017 (134): 62-76.

[126] HUNG L C, LEE S H, VICENT S, et al. An Experimental Investigation of The Cyclic Response of Bucket Foundations in Soft Clay Under One-Way Cyclic Horizontal Loads [J]. Applied Ocean Research, 2018 (71): 59-68.

[127] WANG X, YANG X, ZENG X. Lateral Capacity Assessment of Offshore Wind Suction Bucket Foundation in Clay Via Centrifuge Modelling [J]. Journal of Renewable & Sustainable Energy, 2017, 9 (3): 033308.

[128] WHITEHOUSE R J S, HARRIS J M, SUTHERLAND J, et al. The Nature of Scour Development and Scour Protection at Offshore Windfarm Foundations [J]. Marine Pollution Bulletin, 2011, 62 (1): 73-88.

[129] KHAN M J, BHUYAN G, IQBAL M T, et al. Hydrokinetic Energy Conversion Systems and Assessment of Horizontal and Vertical Axis Turbines for River and Tidal Applications: A Technology Status Review [J]. Applied Energy, 2009, 86 (10): 1823-1835.

[130] DEVINE-WRIGHT P. Place Attachment and Public Acceptance of Renewable Energy: A Tidal Energy Case Study [J]. Journal of Environmental Psychology, 2011, 31 (4): 336-343.

[131] 戴庆忠. 潮流能发电及潮流能发电装置 [J]. 东方电机, 2010 (2): 51-66.

[132] 张勇, 崔蓓蓓, 邱宇晨. 潮流发电——一种开发潮汐能的新方法 [J]. 能源技术, 2009 (4): 223-227.

[133] LIU H W, MA S, LI W, et al. A Review on The Development of Tidal Current Energy in China [J]. Renewable and Sustainable Energy Reviews, 2011, 15 (2): 1141-1146.

[134] LI D, WANG S, YUAN P. An Overview of Development of Tidal Current in China: Energy Resource, Conversion Technology and Opportunities [J]. Renewable and Sustainable Energy Reviews, 2010, 14 (9): 2896-2905.

[135] JUSTINO P, FALCAO A. Rotational Speed Control of An OWC Wave Power Plant [J]. Journal of Offshore Mechanics and Arctic Engineering, 1999 (121): 65-70.

[136] BANG D J, POLINDER H, SHRESTHA G, et al. Promising Direct-Drive Generator System for Large Wind Turbines [J]. Epe Journal, 2008, 18 (3): 7-13.

[137] KEYSAN O, MCDONALD A, MUELLER M, et al. A Direct Drive Permanent Magnet Generator Design for A Tidal Current Turbine (Seagen) [C] //International Electric Machines & Drives Conference (IEMDC), 2011 IEEE International. Washington DC: IEEE Computer Society, 2011.

[138] ZARAGOZA J, POU J, ARIAS A, et al. Study and Experimental Verification of Control Tuning Strategies in A Variable Speed Wind Energy Conversion System [J]. Renewable Energy, 2011, 36 (5): 1421-1430.

[139] MALINOWSKI M. Sensorless Control Strategies for Three-Phase Pwm Rectifiers [D]. Warsaw: Warsaw University of Technology, 2001.

[140] KAZMIERKOWSKI M P, MALESANI L. Current Control Techniques for Three-Phase Voltage Source Pwm Converters: A Survey [J]. IEEE Transactions on Industrial Electronics, 1998, 45 (5): 691-703.

[141] LIU T H, FU J R, LIPO T A. A Strategy for Improving Reliability of Field-Oriented Controlled Induction Motor Drives [J]. IEEE Transactions on Industrial Applications, 1993, 29 (5): 910-918.

[142] FU J R, LIPO T A. A Strategy to Isolate The Switching Device Fault of A Current Regulated Motor Drive [J]. The Proceedings of The IEEE-IAS Annual Meeting, 1993 (2): 1015-1020.

[143] RAHM M, BOSTROM C, SVENSSON O, et al. Laboratory Experimental Verification of A Marine Substation [C]//European Wave and Tidal Conference. The Proceedings of The 8th European Wave and Tidal Energy Conference. Uppsala, Sweden: Journal of Marine Science and Application, 2009.

[144] LOPEZ J, RICCI P, VILLATE J L, et al. Preliminary Economic Assessment and Analysis of Grid Connection Schemes for Ocean Energy Arrays [C] //International Conference on Ocean Energy. The Proceedings of The 3rd International Conference on Ocean Energy. Bilbao, Spain: [s. n.], 2010.

[145] GRAINGER W, JENKINS N. Offshore Wind Farm Electrical Connection Options [C] //BWEA Wind Energy Conference. The Proceedings of The 1998 Twentieth BWEA Wind Energy Conference Wind Energy-

Switch on to Wind. British：British Wind Energy Association，1998.

[146] DJUMEGARD C，FELLOWS P. Installation of Metallic Tube Umbilicals in 3000 Meters Water [C] // Offshore Technology Conference. The Proceedings of The 2003 Offshore Technology Conference. Houston，Texas：[s. n.] 2003.

[147] THIRINGER T，MACENRI J，REED M. Flicker Evaluation of The Seagen Tidal Power Plant [J]. IEEE Transactions on Sustainable Energy，2011，2 (4)：414 - 422.

[148] YANG W，TIAN S W. Research on A Power Quality Monitoring Technique for Individual Wind Turbines [J]. Renewable Energy，2015 (75)：187 - 198.

[149] International Electrotechnical Commission. Wind Turbines-Part 21：Measurement and Assessment of Power Quality Characteristics of Grid Connected Wind Turbines：IEC 61400 - 21—2008 [S]. Norme International Electrotechninl Commission，2008.

[150] SPINATO F，TAVNER P J，BUSSEL G J W，et al. Reliability of Wind Turbine Sub-Assemblies [J]. IET Renewable Power Generation，2009，3 (4)：1 - 15.

[151] TAVNER P J. Offshore Wind Turbines-Reliability，Availability and Maintenance [M]. London：IET Digital Library，2012.

[152] DELORM T M. Tidal Stream Devices：Reliability Prediction Models During Their Conceptual & Development Phases [D]. Durham：Durham University，2014.

[153] TAVNER P J. Wave and Tidal Generation Devices [M]. London：The Institution of Engineering and Technology，2017.

[154] SEGURA E，MORALES R. Rediction Models During Their Conceptual Viability of Tidal Energy Projects [J]. Energies，2017，10 (11)：1806.

[155] SOULSBY R L. Dynamics of Marine Sands [M]. London：Thomas Telford Publications，1997.

[156] YANG W，TIAN W. Concept Research of A Countermeasure Device for Preventing Scour Around The Monopile Foundations of Offshore Wind Turbines [J]. Energies，2018：11 (10)：2593.

[157] 陈坤．仿生耦合风机叶片模型降噪与增效研究 [D]. 长春：吉林大学，2009.

[158] 高蓉康．基于鲨鱼鳍的水平轴潮流能水轮机仿生叶片研究 [D]. 青岛：中国海洋大学，2014.

[159] 马毅．基于鸟类翅膀的水平轴风力机仿生叶片优化分析 [D]. 长春：吉林大学，2012.

[160] 戈超．离心风机叶片抗冲蚀磨损仿生研究 [D]. 长春：吉林大学，2011.

[161] 刘庆萍．轴流风机叶片仿生降噪研究 [D]. 长春：吉林大学，2006.

[162] 廖庚华．长耳鸮翅膀气动与声学特性及其仿生应用研究 [D]. 长春：吉林大学，2013.

[163] 华欣．海鸥翅翼气动性能研究及其在风力机仿生叶片设计中的应用 [D]. 长春：吉林大学，2013.

[164] SHI W，ROSLI R，ATLAR M，et al. Hydrodynamic Performance Evaluation of A Tidal Turbine With Leading-Edge Tubercles [J]. Ocean Engineering，2016 (117)：246 - 253.

[165] YANG W，ALEXANDRIDIS T，TIAN W. Numerical Research of The Effect of Surface Biomimetic Features on The Efficiency of Tidal Turbine Blades [J]. Energies，2018，11 (4)：1014.

[166] YAN R. Tubercle Leading Edge [D]. London: Imperial College London, 2015.

[167] IYER A S, COUCH S, HARRISON G, et al. Variability and Phasing of Tidal Current Energy Around The United Kingdom [J]. Renewable Energy, 2013 (51): 343-357.

[168] FAIRLEY I, MASTERS I, KARUNARATHNN H. The Cumulative Impact of Tidal Stream Turbine Arrays on Sediment Transport in The Pentland Firth [J]. Renewable Energy, 2015 (80): 755-769.

[169] TANG H S, KRAATZ S, QU K, et al. High-Resolution Survey of Tidal Energy towards Power Generation and Influence of Sea-Level-Rise: A Case Study at Coast of New Jersey, USA [J]. Renewable & Sustainable Energy Reviews, 2014 (32): 960-982.

[170] ZHANG D, WANG J, LIN Y, et al. Present Situation and Future Prospect of Renewable Energy in China [J]. Renewable & Sustainable Energy Reviews, 2017, 76 (76): 865-871.

[171] LIU W, MA C, CHEN F, et al. Exploitation and Technical Progress of Marine Renewable Energy [J]. Advances in Marine Science, 2018, 1 (36): 1-18.

[172] BLANCHFIELD J, CARRETT C, WILD P, et al. The Extractable Power From A Channel Linking A Bay to The Open Ocean [J]. Proceedings of The Institution of Mechanical Engineers, Part A: Journal of Power and Energy, 2008, 3 (222): 289-297.

[173] KARSTEN, MCMILLAN, LICKLEY, et al. Assessment of Tidal Current Energy in The Minas Passage, Bay of Fundy [J]. Proceedings of The Institution of Mechanical Engineers Part A Journal of Power & Energy, 2008, 222 (A5): 493-507.

[174] BRYDEN I, COUCH S, OWEN A, et al. Tidal Current Resource Assessment [J]. Proceedings of The Institution of Mechanical Engineers, Part A: Journal of Power and Energy, 2007, 2 (221): 125-135.

[175] KAWASE M, THYNG K M. Three-Dimensional Hydrodynamic Modelling of Inland Marine Waters of Washington State, United States, for Tidal Resource and Environmental Impact Assessment [J]. IET Renewable Power Generation, 2010, 4 (6): 568-0.

[176] SUN X, CHICK J, BRYDEN I. Laboratory-Scale Simulation of Energy Extraction From Tidal Currents [J]. Renewable Energy, 2008, 33 (6): 1267-1274.

[177] DEFINE Z, HAAS K A, FRITZ H M. Numerical Modeling of Tidal Currents and The Effects of Power Extraction on Estuarine Hydrodynamics Along The Georgia Coast, USA [J]. Renewable Energy, 2011, 36 (12): 3461-3471.

[178] YANG Z P, WANG T P, Copping A E. Modeling Tidal Stream Energy Extraction and Its Effects on Transport Processes in A Tidal Channel and Bay System Using A Three-Dimensional Coastal Ocean Model [J]. Renewable Energy, 2013 (50): 605-613.

[179] BURTON T, SHARPE D, JENKINS N, et al. Wind Energy Handbook [M]. Chichester: John Wiley & Sons, 2011.

[180] POLAGYE B, MALTE P, KAWASE M, et al. Effect of Large-Scale Kinetic Power Extraction on Time-Dependent Estuaries [J]. Proceedings of The Institution of Mechanical Engineers, Part A: Journal of Power and Energy, 2008, 5 (222): 471-484.

[181] HASEGAWA D, SHENG J, GREENBERG D A, et al. Far-Field Effects of Tidal Energy Extraction in The Minas Passage on Tidal Circulation in The Bay of Fundy and Gulf of Maine Using A Nested-Grid Coastal Circulation Model [J]. Ocean Dynamics, 2011, 11 (61): 1845-1868.

[182] NASH S, OBRIEN N, HARTNETT M. Modelling The Far Field Hydro-Environmental Impacts of Tidal Farms-A Focus on Tidal Regime, Inter-Tidal Zones and Flushing [J]. Computers & Geosciences, 2014 (71): 20-27.

[183] LEWIS L J, DAVENPORT J, KELLY T C. A Study of The Impact of A Pipeline Construction on Estuarine Benthic Invertebrate Communities [J]. Estuarine Coastal and Shelf Science, 2003, 55 (2): 213-221.

[184] BOCHERT R, ZETTLE M L. Effect of Electromagnetic Fields on Marine Organisms [M] //KÖLLER J, KÖPPEL J, PETERS W, et al. Offshore Wind Energy. Berlin, Heidelberg: Springer, 2006.

[185] NEILL S P, JORDAN J R, COUCH S J. Impact of Tidal Energy Converter (TEC) Arrays on The Dynamics of Headland Sand Banks [J]. Renewable Energy, 2012, 37 (1): 387-397.

[186] LOVE I S, CASELLE J, SNOOK L. Fish Assemblages on Mussel Mounds Surrunding Seven Oil Platforms in The Santa Barbara Channel and Santa Maria Basin [J]. Bulletin of Marine Science, 1999, 65 (2): 497-513.

[187] WIDDOWS J, BRINSLEY M. Impact of Biotic and Abiotic Processes on Sediment Dynamics and The Consequences to The Structure and Functioning of The Intertidal Zone [J]. Journal of Sea Research, 2002, 48 (2): 143-156.

[188] DAVIS N, VANBLARICOM G R, DAYTON P K. Man-Made Structures on Marine Sediments: Effects on Adjacent Benthic Communities [J]. Marine Biology, 1982, 70 (3): 295-303.

[189] KOGAN I, PAULL C K, KUHNZ L A, et al. Atoc/Pioneer Seamount Cable After 8 Years on The Seafloor: Observations, Environmental Impact [J]. Continental Shelf Research, 2006, 26 (6): 771-787.

[190] MOORE S E, CLARKE J T. Potential Impact of Offshore Human Activities on Gray Whales (Eschrichtius Robustus) [J]. Journal of Cetacean Research and Management, 2002, 4 (1): 19-25.

[191] WEILGART L S. The Impacts of Anthropogenic Ocean Noise on Cetaceans and Implications for Management [J]. Canadian Journal of Zoology, 2007, 85 (11): 1091-1116.

[192] MCCAULEY R D, FEWTRELL J, DUNCAN A J, et al. Marine Seismic Surveys— A Study of Environmental Implications [J]. The Appea Journal, 2000, 40 (1): 692-708.

[193] WEIR C R. Observations of Marine Turtles in Relation to Seismic Airgun Sound Off Angola [J]. Marine Turtle Newsletter, 2007, 116 (116): 17-20.

[194] OHMAN M C, SIGRAY P, WESTERBERG H, et al. Offshore Windmills and The Effects of Electromagnetic Fields on Fish [J]. Ambio: A Journal of The Human Environment, 2007, 36 (8): 630-633.

[195] BASOV B M. on Electric Fields of Power Lines and on Their Perception by Freshwater Fish [J]. Journal of Ichthyology, 2007, 47 (8): 656-661.

[196] CILL A B. Offshore Renewable Energy: Ecological Implications of Generating Electricity in The Coastal Zone [J]. Journal of Applied Ecology, 2005, 42 (4): 605-615.

[197] BALAYEV L A, FURSA N N. The Behavior of Ecologically Different Fish in Electric Fields. I. Threshold of First Reaction in Fish [J]. Journal of Ichthyology, 1980, 20 (4): 147 - 152.

[198] ENGER P S, KRISTENSEN L, SAND O. The Perception of Weak Electric D. C. Currents by The European Eel (Anguilla Anguilla) [J]. Comparative Biochemistry & Physiology A Comparative Physiology, 1976, 54 (1): 101 - 103.

[199] ROMMEL S A, MCCLEAVE J D. Oceanic Electric Fields: Perception by American Eels [J]. Science, 1972, 176 (4040): 1233 - 1235.

[200] MARRA L J. Sharkbite on The Sl Submarine Lightwave Cable System: History, Causes and Resolution [J]. IEEE Journal of Oceanic Engineering, 1989, 14 (3): 230 - 237.

[201] WILHELMSSON D, MALM T. Fouling Assemblages on Offshore Wind Power Plants and Adjacent Substrata [J]. Estuarine Coastal and Shelf Science, 2008, 79 (3): 459 - 466.

[202] SUNDBERG J, LANGHAMER O. Environmental Questions Related to Point-Absorbing Linear Wave-Generators: Impact, Effects and Fouling [C] //Eurpean Wave and Tidal Energy Conference. Proceedings of The 6th European Wave and Tidal Energy Conference. Glasgow, Scotland: [s. n.]. 2005.

[203] NELSON P A. Ecological Effects of Wave Energy Conversion Technology on California' S Marine and Anadromous Fishes [C] California Energy Commission & California Ocean Protection Council. Developing Wave Energy in Coastal California: Potential Socio-Economic and Environmental Effects. California: [s. n.] 2008.

[204] ARENAS P, HALL M. The Association of Sea Turtles and Other Pelagic Fauna With Floating Objects in The Eastern Tropical Pacific Ocean [C] //Workshop on Sea Turtle Biology and Conservation. Proceedings of The Eleventh Annual Workshop on Sea Turtle Biology and Conservation. Miami. FL: NOAA Tech. 1992.

[205] JOHNSON A, SALVADOR G, KENNEY J, et al. Fishing Gear Involved in Entanglements of Right and Humpback Whales [J]. Marine Mammal Science, 2005, 21 (4): 635 - 645.

[206] GOFF M, SALMON M, LOHMANN K J, et al. Hatchling Sea Turtles Use Surface Waves to Establish A Magnetic Compass Direction [J]. Animal Behaviour, 1998, 55 (1): 69 - 77.

[207] COLEMAN F C, KOENIG C C, COLLINS L A. Reproductive Styles of Shallow-Water Groupers (Pisces: Serranidae) in The Eastern Gulf of Mexico and The Consequences of Fishing Spawning Aggregations [J]. Environmental Biology of Fishes, 1996, 47 (2): 129 - 141.

[208] FRAENKEL P L. Marine Current Turbines: Pioneering The Development of Marine Kinetic Energy Converters [J]. Proceedings of The Institution of Mechanical Engineers, Part A Journal of Power and Energy, 2007, 221 (2): 159 - 169.

[209] MAGAGNA D, TZIMAS E, HANMER C, et al. Si-Ocean Strategic Technology Agenda for The Ocean Energy Sector: From Development to Market [C] //11th International Conference on The European Energy Market (EEM14). Washington DC: IEEE Computer Society, 2014.

[210] 王世明，李泽宇，于涛，等. 多能互补海洋能集成发电技术研究综述 [J]. 海洋通报，2019，38

(3)：241－249.

[211] SMALL A A，COOK G K，BROWN M J. The geotechnical challenges of tidal turbine projects [C] //American Society of Mechanical Engineers. International Conference on Offshore Mechanics and Arctic Engineering. [S. l.]：[s. n.]，2014.

[212] Anon. Largest tidal power device unveiled [N/OL]. BBC News，2010－08－12 [2016－02－20]. http//www. bbc. co. uk/news/uk-scotland-highlands-islands-10942856.

[213] FRAENKEL P. Practical tidal turbine design considerations：a review of technical alternatives and key design decisions leading to the development of the SeaGen 1. 2MW tidal turbine [C] //Ocean Power Fluid Machinery Seminar. [S. l.]：[s. n.]：2010：1－19.

[214] JIA F，CHU J，YUAN L，et al. Design Method of Jacket Foundation for Tidal Current Turbine [C] //IOP Conference Series：Materials Science and Engineering. IOP Publishing，2019，677 (2)：022018.

[215] ZHANG L，WANG S，SHENG Q，et al. The effects of surge motion of the floating platform on hydrodynamics performance of horizontal-axis tidal current turbine [J]. Renewable Energy，2015 (74)：796－802.

[216] 乔永喜. 水平轴潮流能发电装置基础冲刷及支撑结构的优化设计 [D]. 青岛：中国海洋大学，2013.

[217] FRAENKEL P L. Power From Marine Currents [J]. Proceeding of Mechanical Engineer，Part A：Journal of Power and Energy，2002，216 (1)：1－14.

[218] KOGAN I，PAULL C K，KUHNZ L A，et al. ATOC/Pioneer Seamount cable after 8 years on the seafloor：Observations，environment impact [J]. Continental Shelf Research，2006，26 (6)：771－787.